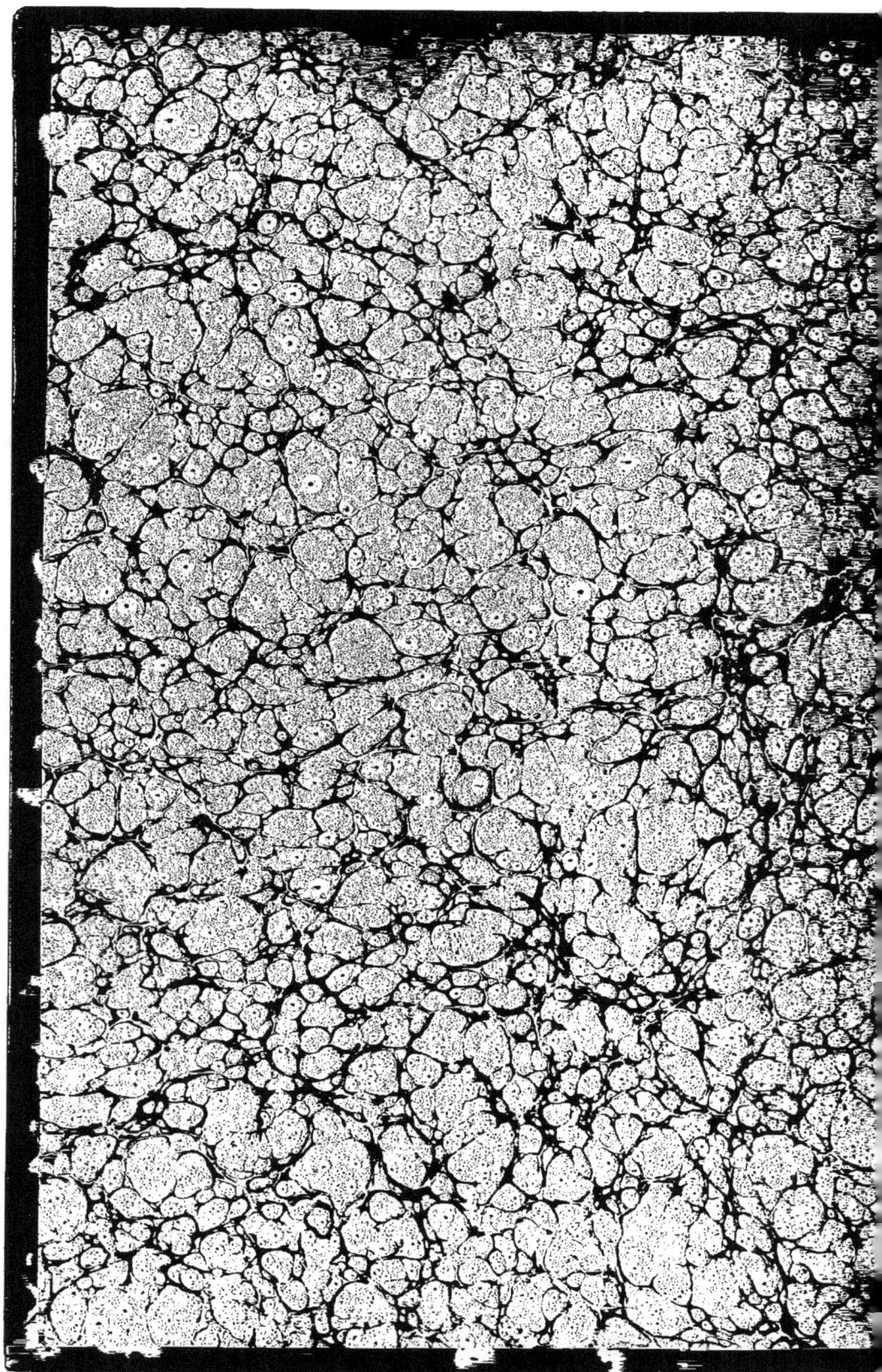

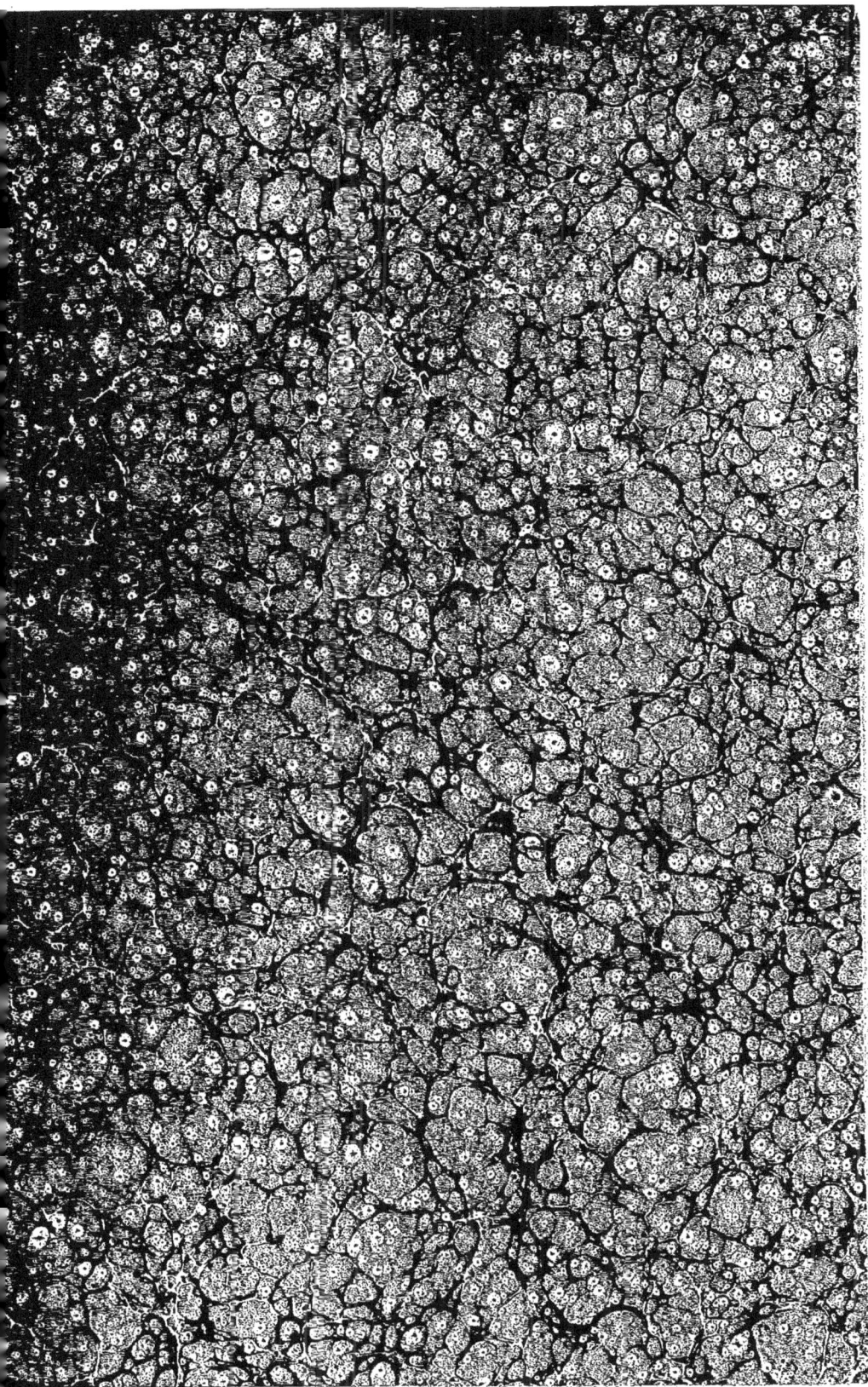

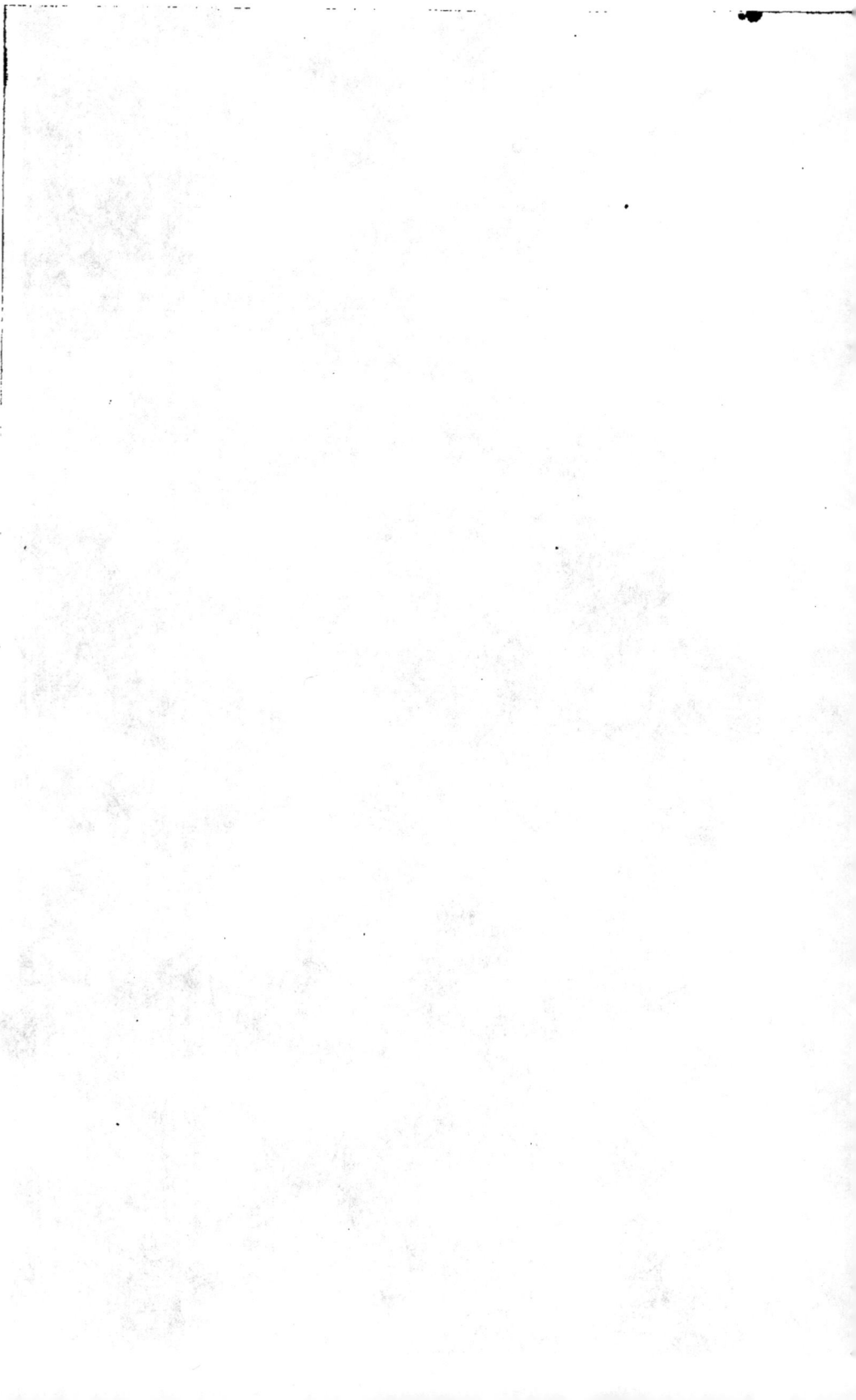

V

31518

DEUXIÈME LETTRE

A UN DÉPUTÉ.

PARIS. — IMPRIMERIE D'ADOLPHE BLONDEAU.
Rue Rameau, 7 (place Richelieu).

DEUXIÈME LETTRE

A UN DÉPUTÉ.

—

OBSERVATIONS

sur

L'EXÉCUTION DE LA LOI DU 11 JUIN 1842

RELATIVEMENT A L'ÉTABLISSEMENT DES GRANDES LIGNES DE CHEMINS DE FER.

Par François BARTHOLONY.

Paris.

SE DISTRIBUE CHEZ ADOLPHE BLONDEAU, IMPRIMEUR,
RUE RAMEAU, 7 (PLACE RICHELIEU).

—

1843.

LETTRE D'ENVOI.

A MONSIEUR DUFAURE,

DÉPUTÉ DE LA CHARENTE-INFÉRIEURE.

MONSIEUR,

Comme Ministre des Travaux publics, comme Député, comme Rapporteur de la Loi du 11 juin 1842, vous avez rendu d'immenses services à la cause des Chemins de fer.

C'est à ce titre, si honorable pour vous, que je prends la liberté de vous offrir la dédicace de ma *Deuxième lettre à un Député, sur le système mixte adopté par le gouvernement pour l'exécution des grandes lignes de chemins de fer;* je vous l'offre encore, parce que ce travail a été fait sous l'influence d'une pensée qui vous appartient :

« *Je ne me dissimule pas,* » m'avez-vous dit après le vote mémorable auquel vous avez si puissamment concouru, « *je ne me dissi-* « *mule pas que cette loi sera une grande* « *ou une triste chose suivant la manière dont* « *elle sera exécutée.....* »

Aider à ce que cette loi produise promptment les grands et beaux résultats qu'on en espère, tel est le but que, dans sa sphère, quelque petite qu'elle soit, chacun doit poursuivre, et que je me suis proposé en publiant ces nouvelles observations, tribut, sinon de lumières, au moins de bonne volonté.

Homme privé et sans pouvoir, je signale ce que ma conscience et quelqu'expérience me disent être bon et utile. Vous, Monsieur,

député influent, orateur distingué, vous fe-
rez triompher les bonnes doctrines dont vous
vous êtes constamment fait le défenseur, et
vous continuerez ainsi l'œuvre que, Ministre, vous avez si bien commencée.

Veuillez agréer,

Monsieur,

L'assurance de ma haute estime et de
ma considération la plus distinguée,

F^s **BARTHOLONY.**

Paris, le 4 février 1843.

TABLE DES MATIÈRES.

— ꞏ⸰ꞏ⸰ꞏ —

NOTES ET DOCUMENTS.

SOMMAIRE.

La loi du 11 juin 1842 a fondé l'alliance de l'administration et de l'industrie,
et l'utilité de la coopération de celle-ci est désormais reconnue et consacrée.
Mais la mise à exécution de cette loi offre des difficultés sérieuses. — Moyens
de les surmonter. — En tête de ces moyens, il faut placer :

1° La garantie d'intérêt (nouvelle démonstration de ses avantages, appuyés
sur la pratique et réfutation des ses inconvénients);

2° Des démonstrations, non équivoques, tendantes à détruire le souvenir
des anciennes dispositions hostiles de l'administration envers l'industrie
privée;

3° Enfin, la réalisation des espérances que fait naître, pour les Compagnies
d'Orléans et de Rouen, le prochain achèvement de leurs travaux.

— Indication de plusieurs mesures propres à favoriser le développement des
travaux publics par l'industrie privée.

P. S. Réserves au sujet des canaux de 1821 et 1822, pour lesquels les Compagnies soumissionnaires sont toutes ou presque toutes en réclamation.

DEUXIÈME LETTRE

A UN DÉPUTÉ.

—

OBSERVATIONS

SUR

L'EXÉCUTION DE LA LOI DU 11 JUIN

RELATIVE A L'ÉTABLISSEMENT DES GRANDES LIGNES DE CHEMINS DE FER.

PAR FRANÇOIS BARTHOLONY.

—◦◦◦◦◦◦◦◦—

MONSIEUR,

L'année dernière, dans une publication dont vous m'avez fait l'honneur de prendre connaissance, j'ai soutenu, en matière de travaux publics, des principes qui n'ont pas tardé à recevoir des Chambres une éclatante sanction, par le vote presque unanime de la loi du 11 juin 1842.

Cette loi, l'un des actes les plus importants du gouvernement, à laquelle ont applaudi, à très peu d'exceptions près, tous les partisans des travaux publics, est

1

sans doute un pas immense dans la nouvelle carrière de paix ouverte au génie de l'homme, mais elle n'est en quelque sorte que l'introduction au grand œuvre qu'il s'agit d'édifier. L'*exécution la plus prompte, la plus convenable, des immenses travaux ordonnés par la loi du 11 juin*, telle est la question maintenant à l'ordre du jour ; c'est là que commencent les difficultés réelles, et c'est à les surmonter qu'un ministre des travaux publics habile et digne de sa mission, trouvera sa gloire et la récompense de ses nobles efforts.

L'un des auteurs du système mixte consacré par la loi du 11 juin, un homme tout à fait compétent dans la matière, qui l'eût soutenu avec chaleur si la mort ne fût venue le surprendre le jour même de l'ouverture de la discussion, M. Humann, avait prêté une attention bienveillante à mes observations sur les moyens de mettre en œuvre ce système, et je puis dire, parce que cela est vrai, qu'il partageait entièrement ma manière de voir, à ce sujet.

Fort du souvenir d'un aussi puissant appui, d'une aussi précieuse adhésion, je continuerai à signaler, ainsi que je l'ai déjà fait, dans plusieurs publications, et notamment dans la dernière (*Lettre à un Député, décembre* 1841), les points qui me semblent devoir appeler plus particulièrement l'attention du gouvernement ; et quelles que soient les décisions qui interviennent, on rendra, je l'espère, au moins justice à mes intentions.

Je commencerai par rappeler ce que j'ai toujours

soutenu et ce que M. le ministre des travaux publics sait, du reste, mieux que personne, bien qu'en cela il ne soit peut-être pas d'accord avec tous les membres de l'administration des ponts-et-chaussées : c'est que l'industrie privée est un auxiliaire que le gouvernement ne saurait trop encourager; qu'il n'existe aucune différence, pour le pays, dans les travaux publics qu'elle exécute et ceux que fait l'Etat, sinon que les premiers se font généralement plus vite, plus économiquement et sans qu'il en coûte rien au Trésor; enfin, que l'opinion contraire, qui a régné trop longtemps dans les Chambres, accréditée qu'elle était par l'administration elle-même, est une erreur, une erreur déplorable qui a retardé de plusieurs années le pays dans sa marche progressive.

Je rappellerai encore une doctrine généralement admise aujourd'hui, c'est que l'Etat doit faire faire les travaux publics de préférence par l'industrie privée, même au prix de secours financiers très importants ; donc, à plus forte raison quand elle ne réclame rien, ou simplement une garantie d'intérêt; je rappellerai, enfin, que la loi du 11 juin et les sacrifices considérables qu'elle impose au Trésor, ne sont devenus nécessaires que par suite des principes erronés, hautement et longtemps professés par l'administration, alors ennemie déclarée des Compagnies; par suite du découragement qui en fut l'inévitable conséquence, et enfin de l'obligation imposée au pays, de regagner, par un grand effort, le temps perdu, sous peine de décheoir du rang qui lui appartient.

De ces causes réunies est née la nécessité d'un grand concours financier de l'Etat, et celle de l'alliance franche, sincère, de l'administration et de l'industrie; en un mot, la nécessité de la concentration, en un seul faisceau, des forces publiques et privées, combinaison puissante que la loi du 11 juin a heureusement consacrée et qu'il ne s'agit plus, aujourd'hui, que de mettre en pratique.

Mais, pour cela, comment faire? Jusqu'ici, sauf les travaux attribués à l'Etat et pour lesquels, je le reconnais, depuis quelques mois, l'administration déploie une grande activité, la loi est restée comme une lettre morte; cependant il faut la vivifier cette loi, et sans délai, sous peine de honte; cela frappe tous les yeux. C'est dans l'espoir d'aider à atteindre ce grand et noble but, complément indispensable des efforts faits jusqu'à ce moment, que je prends la liberté de vous adresser ces nouvelles observations, assuré d'avance que vous les recevrez avec votre bienveillance accoutumée.

Un fait important, acquis définitivement à la cause que nous défendons, c'est que l'économie du système mixte adopté l'an dernier pour arriver promptement à l'exécution des grandes lignes de chemins de fer, repose tout entière sur l'association de l'Etat et de l'industrie, sur l'alliance des forces publiques et privées. En effet, l'industrie, si longtemps méconnue en France, entre comme partie obligée dans l'immense travail voté par les Chambres, et sans son concours la loi est inexécutable.

Cependant, bien qu'on n'ait pas encore obtenu ce concours, de nombreuses adjudications ont été faites sur les lignes de Belgique, d'Orléans à Tours, d'Orléans à Vierzon, etc.; les divers services ont été organisés; partout, sur le terrain et dans l'administration, on pousse avec vigueur les études; chaque jour de nouvelles adjudications se préparent, des acquisitions de terrain s'opèrent; en un mot, la loi est prise au sérieux, et malgré ce qu'avait souvent déclaré M. le ministre des travaux publics, que rien ne serait commencé, sur aucune ligne, sans qu'au préalable, il ne se fût entendu avec une Compagnie pour la partie des travaux et l'exploitation réservés à l'industrie, la question est déjà vivement engagée et s'engage de plus en plus. Bientôt, ne trouvât-on pas de Compagnies exploitantes, il ne serait plus temps de reculer et l'Etat devrait achever, seul, ce qu'il aurait commencé. Cela est évident.

Maintenant, quoique ce soit un bruit assez généralement répandu dans le public, quel administration des ponts-et-chaussées agit ainsi dans ce but et dans cet espoir, blâmerons-nous l'activité qu'elle a déployée et la mise à exécution des travaux sur le terrain? A Dieu ne plaise! nous l'avons dit souvent, les délais sont expirés, il faut, aujourd'hui, pour l'honneur et la prospérité de la France, que l'on ne se borne plus à parler et à écrire sur les chemins de fer, mais que l'on en fasse.

Après la discussion solennelle et le vote mémorable de l'année dernière, il serait honteux que la loi ne s'exécutât pas avec l'énergie que la nation apporte toujours dans ses décisions, quand elle croit son honneur engagé.

Je n'ai donc qu'à applaudir à l'activité déployée par l'administration, dans cette grave circonstance. Mais, après cette déclaration, il me sera sans doute permis de dire, dans son propre intérêt, qu'il lui importe infiniment de repousser, par une conduite conséquente, toute apparence de calcul dans le but de s'emparer exclusivement de l'exécution et de l'exploitation des chemins de fer votés. J'ai rendu justice, l'année dernière, aux progrès faits par cette administration, et, bien que cette profession de foi m'ait valu de nombreuses critiques, je persiste à dire que les idées de ce corps savant, comparées à ce qu'elles étaient il y a peu d'années, ont fait un pas immense dans la voie du progrès. Mais, ces progrès, reconnus par les uns, niés par les autres, n'auraient-ils pas pu franchir une certaine limite, et cette administration ambitionnerait-elle encore l'exécution exclusive, par l'Etat, des chemins votés, voir même leur exploitation, comme en Belgique? Je ne saurais le croire. Il ne me semble pas possible d'admettre, quelqu'ambition qu'on suppose à l'administration des ponts-et-chaussées, qu'elle ne se tienne pas pour satisfaite des immenses travaux qui lui sont échus dans le système de la loi du 11 juin.

Ne pas épouser franchement et loyalement cette loi, qui a fait une part si large et si belle à la louable ambition que peut, que doit avoir l'administration de se signaler, ce serait, à mes yeux, de sa part, tout à la fois manquer à son devoir et méconnaître ses propres intérêts. Trop longtemps, par l'opposition qu'elle a cru devoir faire au développement de l'industrie, l'administration s'est aliénée l'opinion générale, et, sans le vouloir sans doute, s'est rendue l'instrument d'un immense préjudice pour le pays. Le temps de ces graves et fatales erreurs est passé; l'opinion est devenue si forte, si unanime à ce sujet, que lors même qu'elle n'aurait qu'en apparence et par une nécessité du moment, dépouillé le vieil homme, ce que je ne crois pas, l'administration des ponts-et-chaussées échouerait dans ses projets de monopole; j'en ai l'intime conviction. Non, il ne lui est plus possible de vivre désormais en guerre avec l'industrie, car dans cette lutte, devenue inégale par la force de l'opinion publique, ce serait évidemment l'administration qui succomberait.

La meilleure chose pour tous et pour le pays surtout, qui a tant souffert de ces dissensions, serait de considérer la loi du 11 juin comme la base de la réconciliation désirée par les hommes raisonnables des deux opinions. Mais, je le répète, je ne puis croire, comme le prétendent quelques personnes, se disant cependant bien informées, que l'administration se soit arrêtée dans la voie de progrès où elle est entrée, et je préfère penser que, satisfaite de son lot magnifique, elle veut aider et aidera en tout ce qui dépend d'elle, à la réussite du système mixte consacré par la loi du 11 juin.

Au reste, et quoiqu'il en soit à cet égard, M. le ministre des travaux publics, éditeur responsable de cette loi qui portera son nom, imposerait, au besoin, sa volonté; et nous sommes assuré de trouver en lui un zélé partisan de toutes les mesures qui pourront faciliter la création de compagnies puissantes, sans lesquelles son système serait un système mort-né; ce qu'il ne saurait vouloir, nous en avons eu déjà des preuves. L'an dernier, nous avions signalé la nécessité d'une création nouvelle, d'un intermédiaire libéral et bienveillant entre l'industrie et l'administration. L'ordonnance royale du 22 juin, rendue sur le rapport de M. le ministre des travaux publics, en fondant auprès de son ministère deux commissions dites *Supérieure et Administrative*, a satisfait en partie à ce vœu, et a rendu, je crois, un service éminent à la cause des chemins de fer.

Mais ces commissions, la dernière surtout, devraient peut-être compter, dans leur sein, plusieurs membres pris hors de l'administration. En effet, pour que la création de la commission administrative, à laquelle j'applaudis d'ailleurs cordialement, répondît pleinement à l'un des buts principaux de son institution : celui de rappeler la confiance dans les rapports à établir entre l'industrie et l'administration, il faudrait qu'elle fût composée d'un certain nombre d'hommes connus par leur sympathie pour le développement de l'esprit d'association appliqué aux grandes entreprises d'utilité publique, et que personne ne pût mettre en doute le patronage bienveillant et éclairé qu'elle est appelée à exercer envers les Compagnies.

Au reste, cette commission n'a pas encore eu l'occasion de manifester la libéralité de ses vues à l'égard de l'industrie. Si, comme je n'en doute pas, elle est pénétrée de l'esprit qui a présidé à sa création, cette institution me semble de nature à faire disparaître le principal motif de répulsion des hommes, en grand nombre, qui auraient dû, qui devraient se mêler aux affaires de travaux publics, les plus dignes, sous tous les rapports, des hautes notabilités commerciales et industrielles. Ces notabilités s'en sont, néanmoins, à bien peu d'exceptions près, tenues complètement à l'écart; et cependant, dans un ordre de choses normal, les chefs de nos maisons les plus considérables devraient tenir à honneur de concourir à l'exécution de l'œuvre nationale des chemins de fer; d'autant mieux que les anciennes affaires, dites de banque, se réduisent chaque jour davantage: on pourrait presque dire disparaissent totalement et n'offriront bientôt plus d'aliment suffisant à l'activité de ceux qui s'en occupent.

Il y a nécessairement une cause à la répulsion que je signale, et cette cause, je crois l'avoir indiquée: c'est la crainte de tous rapports avec le gouvernement, en vue des difficultés administratives.

Mais cette création d'un patronage bienveillant, cette amélioration des formes administratives, ne suffiraient pas, à elles seules, pour attirer dans les grandes affaires de chemins de fer les maisons éminentes auxquelles je fais allusion ; il faudrait encore deux choses :

1° Des encouragements notoires et des concessions libérales aux entreprises de travaux publics ;

2° L'exemple de Compagnies ayant obtenu des succès solides et durables.

Nous allons nous livrer à l'examen de ces deux propositions.

DES ENCOURAGEMENTS NOTOIRES, ET DES CONCESSIONS LIBÉRALES AUX ENTREPRISES DE TRAVAUX PUBLICS.

Une réunion des Compagnies de chemins de fer français a remis, l'année dernière, à M. le ministre des travaux publics, un mémoire qu'il avait accueilli avec bienveillance. Son importance m'engage à le transcrire parmi les notes et documents qui compléteront cette lettre. Les réclamations de ces Compagnies étaient modérées, et tout au moins une partie de leurs demandes aurait dû leur être accordée avec empressement, ainsi qu'à leurs successeurs, ou plutôt leurs imitateurs. Dans tous les cas, les conférences pour discuter les questions soulevées, auraient dû s'ouvrir au ministère, comme M. le ministre l'avait formellement promis.

Il n'en a rien été, et nous ne savons à quoi attribuer la non-exécution de cette promesse ; mais ce qui n'a pas été fait peut se faire encore. Il est certain qu'une

semblable manifestation en faveur de l'industrie, et surtout les modifications qui seraient apportées par des
dispositions générales aux conditions particulières des
concessions déjà accordées, notamment en ce qui concerne la faculté de se mouvoir dans des maxima de
tarifs, ne pourraient avoir qu'une très heureuse influence sur l'opinion publique, et faciliter notablement, pour l'exécution de la loi du 11 juin, la formation de grandes Compagnies françaises.

Mais ce qui, sans aucun doute, concourrait le plus
puissamment à faire atteindre le but de la loi; ce qui
pourrait le plus rendre possible et même facile la réunion des grands capitaux nécessaires et l'association de
personnes honorables, haut placées dans la société, et
telles qu'il les faut pour mener à bien d'aussi longues
et d'aussi grandes entreprises, ce serait, assurément,
l'application à la dernière loi du système de la garantie
d'intérêts.

Entouré d'esprits systématiquement opposés à ce
mode d'encouragement, justement à cause de sa
puissance et de son efficacité M. le ministre des
travaux publics s'est laissé influencer défavorable-
ment à son sujet, je le sais; mais je n'abandonne
pas l'espoir de le voir revenir à une opinion qu'a-
vaient embrassée si pleinement M. Humann, ce gardien
sévère du budget, qu'assurément on n'accusera pas de
laisser-aller quand il s'agissait des finances de l'Etat, et
plusieurs de ses collègues, notamment MM. Duchâtel
et Martin (du Nord). En attendant que cet espoir se

réalise, vous me permettrez d'essayer de vous convaincre vous-même, Monsieur, que l'application de ce
système à la partie industrielle de la loi du 11 juin, serait essentiellement efficace et n'entraînerait aucune
espèce d'inconvénients ; la proposition vous semble
peut-être hardie, téméraire même ; il me sera cependant facile de la justifier (1).

(1) Les propositions de cette 2e lettre à un député, ne sont, à vrai dire,
que le corollaire de l'opinion que j'ai constamment professée, avec une
pleine et entière conviction, au sujet de la garantie d'intérêt ; même
dans le cas qui paraît soulever tant d'opposition : *Son application au
système de la loi du 11 juin.*

Voici ce que je disais à cet égard, dans ma publication de l'année
dernière (*Lettre à un Député*, décembre 1841).

« .... Nous supposons encore que, pour quelques-unes de ces lignes
et même pour toutes, si cela était nécessaire, on accorderait cet appui
du crédit de l'État, cette garantie d'intérêt dont les avantages n'ont
pas encore été généralement appréciés et compris, mais dont les bons
effets ne tarderont pas à se manifester ; en même temps qu'on acquerra
la preuve que, dans les limites où elle a été sagement restreinte, tant
pour la fixation du capital que pour le taux de l'intérêt assuré aux
actionnaires, cette garantie n'entraînera jamais le Trésor dans des dépenses qui puissent être prises en sérieuse considération, ni surtout
entrer en comparaison avec les recettes dont elle sera la cause première,
en rendant possibles de grandes et belles entreprises qui, sans l'appui
du crédit de l'État, ne l'auraient peut-être jamais été.

« Au reste, le complément obligé des projets actuels du gouvernement étant la création de grandes Compagnies et la réunion de grands
capitaux, le système de la garantie d'intérêt deviendra un auxiliaire
peut-être indispensable ; et l'on doit s'applaudir, sous ce rapport,
qu'un essai qui, nous n'en doutons pas, dissipera toutes les préven-
tions, ait été tenté. D'ailleurs, il est facile de comprendre que le système de garantie serait d'autant moins susceptible d'entraîner le Trésor
dans des débours importants, que l'État aurait achevé de ses propres

Je dois d'abord repousser une fin de non-recevoir mise récemment en avant par les adversaires de la garantie d'intérêt : *Il est impossible*, a-t-on répété à satiété, *de régler convenablement les rapports du gouverne-*

deniers des travaux représentant plus de la moitié de la dépense, et qu'il n'accorderait, en donnant sa garantie, qu'un simple appui moral sans aucune conséquence pour le Trésor.

« En résumé, si l'on veut faire de grandes choses, il faut toujours en revenir à notre ancienne proposition : *Fonder, sur des bases larges et solides, le crédit public industriel* ; autrement dit : *Fermer l'ancien grand-livre et ouvrir hardiment le nouveau : celui des travaux de la paix.*

« Dans ces termes-là, ma confiance dans la formation, en temps utile, des grandes Compagnies nécessaires à l'achèvement des entreprises proposées par le gouvernement, est entière; mais c'est aux conditions dont nous avons parlé, celles d'une large protection, et à ces conditions seulement. »

Puisque j'ai eu l'occasion de parler de ma première lettre à un député, qu'il me soit permis de repousser, par quelques citations, l'injuste reproche d'avoir déserté mes opinions, et cela pour avoir reconnu franchement le mouvement progressif qui, depuis un couple d'années, s'opère dans l'administration des ponts-et-chaussées; vérité dont la loi du 11 juin me semblait et me semble encore la démonstration la plus évidente.

Voici ce que je disais :

« Il faut faire exécuter les chemins de fer *de préférence* par l'industrie privée, aidée au besoin du crédit de l'État, et, à défaut, par l'administration publique. — Pour que l'industrie retrouve des forces et acquière la puissance d'accomplir de grandes entreprises, l'on ne saurait lui prodiguer trop d'encouragements : à plus forte raison, il faut achever de la débarrasser des entraves qui gênent encore son essor. »

.... « Vous l'avez sans doute remarqué, dans le chapitre cité, tout en accordant à l'industrie privée livrée à elle-même ou soutenue par *ment et des compagnies garanties; les hommes les plus compétents de l'administration des finances y ont échoué, etc.*

Il est vrai qu'une commission a été nommée au ministère des finances et que, placée sans s'en

l'appui du crédit de l'Etat, une juste préférence sur l'administration des ponts-et-chaussées, nous étions loin de contester à cette administration la puissance et le droit d'exécuter elle-même une portion notable des travaux : *L'exécution par tous les moyens dont le pays dispose*, telle était, telle sera encore notre conclusion. »

.:....« Aujourd'hui, lorsque le gouvernement, éclairé enfin sur la meilleure solution de ces questions, rentre dans les bonnes voies, proclame les vrais principes et annonce des projets véritablement utiles et dignes de la France, que tous les amis de leur pays fassent leurs efforts pour que les passions s'apaisent, pour qu'un voile épais soit jeté sur le passé, et que chacun signe de bon cœur cette paix de l'administration avec l'industrie privée, gage précurseur du plus heureux avenir !

« Qui pourrait dire, en effet, ce qu'il est permis d'espérer des efforts combinés du gouvernement et de l'esprit d'association, lorsque celui-ci ne sera plus comprimé par des lois oppressives, mais encouragé par tous les pouvoirs de la société ; lorsque les capitaux, rebutés jusqu'ici par de constants revers, mais rassurés bientôt par d'éclatants succès, honorablement obtenus, viendront en foule chercher des placements utiles dans les concessions de travaux publics !

« Qui pourrait dire, en fait de vigueur d'exécution et d'énergiques efforts, ce que l'on doit attendre de la franche et sincère alliance, de la loyale association du gouvernement et de l'industrie privée !

« Autant les amis des travaux de la paix ont blâmé et attaqué le vieux système, maintenant abandonné, autant ils doivent applaudir le nouveau et aider le gouvernement à atteindre le but glorieux qu'il s'est proposé.

« Si le ministère reste fidèle aux nouveaux principes énoncés par lui ; si les chambres, persistant à accorder leur appui aux saines doctrines qui, depuis quelques années, ont petit à petit pénétré dans leur douter, sons l'influence d'une opinion qui ne voulait pas du système en lui-même, d'une opinion qui avait fait tous ses efforts pour l'empêcher de passer aux chambres, et qui, battue sur ce terrain, comptait sans doute se venger au moyen du réglement d'administration publique (cela a été dit assez haut et assez souvent pour que je puisse le répéter), cette commission avait proposé un projet de réglement, inadmissible et complètement inéxécutable, qui a été refusé nettement par la compagnie d'Orléans ; mais, depuis, des entrevues avec les trois présidents successifs de cette commission et une conférence avec la commission elle-même, ne me permettent pas de douter que les difficultés, imaginaires, qu'on avait cru voir dans ce réglement,

sein, donnent force de loi aux projets actuels, un avenir immense de travaux utiles, d'améliorations de tous genres est réservé à la France. Oui, un avenir digne d'envie, en fait d'améliorations matérielles, tel sera certainement le résultat de la cessation d'un malentendu déplorable entre la haute administration et l'industrie privée ; malentendu qui, en les faisant agir en sens contraire, a annulé les forces vives du pays et a tenu la France bien loin en arrière des contrées auxquelles jadis elle avait la noble prétention de donner l'exemple et l'élan. »

On le voit, alors comme toujours, j'ai réclamé avec chaleur et persévérance, l'alliance franche et sincère de l'administration et de l'industrie, le concours des forces publiques et privées ; cette alliance et ce concours ont été consacrés par la loi. Que peuvent demander, aujourd'hui, ceux qui ont appuyé cette loi, sinon qu'elle s'exécute avec vigueur et loyauté, dans son texte comme dans son esprit ?....

En indiquant, dans cette nouvelle publication, quels sont, selon moi, les moyens les plus propres à atteindre le but, je reste fidèle à une seule et même pensée et conséquent à tous mes précédents. »

faute de s'être rendu un compte exact de l'esprit et de l'ensemble des combinaisons de la loi, n'offusquent plus personne et qu'il interviendra bientôt, d'un commun accord, un réglement d'administration publique très simple qui, en laissant à la Compagnie la liberté d'action indispensable à la bonne gestion de ses affaires, liberté que la loi a voulu lui laisser, donnera néanmoins toute sécurité à l'Etat, au sujet de sa garantie et de l'application qui pourrait en être faite un jour.

Dans cette question, en apparence si compliquée, tout se résume en deux principes :

Complète liberté d'action pour la Compagnie ;

Contrôle aussi étendu que possible, de la part de l'Etat.

Donc, cette prétendue difficulté que je tiens dès à présent pour bien et duement résolue, je la laisse de côté et je passe aux avantages qu'offre aux Compagnies l'appui du crédit de l'État. A cet égard, je dois citer la compagnie d'Orléans, qui, la première, a été appelée à faire usage de ce mode de concours.

Que s'est-il passé du moment qu'elle a été investie de la garantie d'intérêt ?

La confiance, un moment fort ébranlée, est revenue ;

Les actions n'ont plus éprouvé aucune oscillation violente ; elles se sont simplement maintenues autour du pair, et si, depuis la grande loi des chemins de fer, elles ont éprouvé une notable amélioration, cela tient à des circonstances tout-à-fait étrangères à la garantie d'intérêt, laquelle est complétement impuissante à produire la hausse, et n'est efficace que contre une baisse exagérée ;

Les versements se sont opérés avec une parfaite régularité ;

L'emprunt s'est fait, par les actionnaires, à des conditions relativement très avantageuses et avec une facilité telle qu'il eût pu être triple ; et depuis lors, le crédit de la Compagnie s'est si bien établi que les obligations de l'emprunt se sont successivement bonifiées de 8 0/0 et constitueront bientôt du 4 0/0 au pair ;

Enfin, à partir de l'obtention de la garantie de l'Etat, le Conseil d'administration, rassuré sur ses ressources, a constamment marché d'un pas ferme et sûr, vers le but de ses travaux, et le 1er mai prochain au plus tard, 2 ans 3 mois après la reprise effective des travaux, le chemin sera livré à la circulation dans tout son parcours et dans un état d'achèvement aussi complet qu'inaccoutumé.

Voilà une partie des avantages de la garantie de l'Etat, sans parler de la sécurité précieuse qu'elle a inspirée à tous les actionnaires, petits ou grands, sur l'avenir de leur propriété; sécurité inestimable pour les hommes prudents qu'éloignent, non sans raison, de toute entreprise industrielle, les chances de pertes illimitées (1).

(1) Pour donner une juste idée de la sécurité et de la fixité que donne aux actionnaires la garantie de l'Etat, je crois ne pouvoir mieux faire que de citer un fait. La compagnie d'Orléans a reçu en dépôt dans ses caisses la moitié à peu près de ses 80 mille actions et des 8,883 obli-

2

Et tous ces avantages, l'Etat les a-t-il achetés par quelques sacrifices? Non. Au contraire, tandis que le gouvernement a dû prendre dans le Trésor public pour les compagnies de Bâle à Strasbourg, de Rouen, du Havre, etc, 61 millions, et 24 millions pour les chemins qu'il exécute lui-même en vertu de la loi du 15 juillet 1840, la compagnie d'Orléans, seule, achève son œuvre sans que le gouvernement lui ait donné et soit jamais dans le cas de lui donner un centime, qu'au reste, elle lui rembourserait si, contre toute attente, sa garantie devait jamais être invoquée.

Il est donc évident, par ce qui précède, que j'ai eu raison d'appeler le système de la garantie d'intérêt le meilleur de tous les modes de concours que l'Etat puisse offrir à l'industrie; il est tout à la fois le plus efficace, le plus moral et le moins onéreux, donc il doit être préféré.

Mais, quoique ces raisons me semblent sans réplique, peut-être M. le ministre dira-t-il encore, comme il m'a fait l'honneur de me le dire déjà :

« Je conçois votre système appliqué à des conces-
« sions pures et simples comme celle d'Orléans, bien
« que son extension ne soit peut-être pas sans danger;
« mais appliqué à la loi du 11 juin qui impose déjà
« une immense charge à l'Etat, je ne le conçois plus;

gations de l'emprunt; et cela en présence du mouvement ascensionnel des cours de la bourse; cette quantité de titres, en quelque sorte immobilisés, qui tend chaque jour a s'accroître, est une preuve frappante de la bonne disposition d'esprit des actionnaires d'Orléans.

« ce serait monstrueux ; aucun ministre n'oserait venir
« proposer aux chambres de nouveaux et d'aussi con-
« sidérables sacrifices ; mieux vaudrait, pour l'Etat,
« se charger de tout, etc. »

Permettez-moi, Monsieur, de répondre à cette ar-
gumentation ; aussi bien j'espère le faire de manière à
vous convaincre que, dans son opposition, M. le ministre cède à des craintes tout à fait imaginaires.

Et d'abord persuadez-vous, Monsieur, que personne, dans le système de la loi, pas plus que dans aucun
autre, ne demandera de concession avec la perspective
de faire usage de la garantie accordée par l'Etat. Là
où l'on pourrait craindre d'avoir à y recourir, l'on ne
voudrait rien entreprendre, cela tombe sous le sens, car
il serait absurde de travailler comme il faut travailler
pour construire un canal ou un chemin de fer et ensuite
l'exploiter, pour avoir, quoi ? 3 p. 0/0 d'intérêt ; alors
que, sans rien faire, on tire facilement 4 p. 0/0 de son
argent et du même débiteur, l'Etat : ce serait insensé.

Evidemment, on ne demandera de concessions que
celles qu'on croira avantageuses, c'est-à-dire, capables
de rapporter 5 ou 6 0/0 au moins, et si jamais on use de
la garantie, c'est qu'on se sera trompé : c'est seulement
pour réparer, ou plutôt pour atténuer les conséquences
d'une erreur involontaire, aussi bien de la part de
celui qui demande la concession, que de l'Etat qui
l'accorde, que la garantie est faite ; et, le cas échéant,
il y aurait justice non moins qu'habileté de la part de
l'Etat, de ne pas laisser ruiner les fondateurs d'entre-

prises toujours avantageuses pour lui, alors même qu'elles seraient une cause de ruine pour leurs auteurs (1).

Quant à l'opinion que le système de la garantie pourrait susciter à l'Etat des embarras considérables dans un moment critique donné, j'ai déjà souvent expliqué que les chances étaient beaucoup plus restreintes qu'on ne le pense généralement, et j'avais d'ailleurs indiqué un moyen (la fondation d'un fonds de réserve créé avec les impôts perçus directement sur les chemins de fer) qui répondait entièrement à l'objection, quelque peu fondée qu'elle me parût.

Mais, ici, dans le système de la loi, ce qui effraie M. le ministre est justement ce qui, selon moi, devrait complètement le rassurer; en effet, M. le Ministre dit :

« Comment, dans le système de la loi, lorsque
« l'Etat fait déjà un sacrifice aussi considérable, serait-
« il possible d'y ajouter encore la garantie d'intérêt;
« si le gouvernement était asez peu soucieux des inté-
« rêts du Trésor pour oser la proposer, jamais les

(1) Exemple : Le canal de Roanne à Digoin ; il n'a encore rien produit à ses fondateurs, jusqu'ici totalement privés de revenus nets, et cela par des causes auxquelles l'administration est loin d'être étrangère ; cependant, cet ouvrage d'utilité publique a déjà rapporté et rapportera, directement ou indirectement, beaucoup à l'Etat auquel il n'a rien coûté!

N'est-ce pas là un résultat déplorable et qui justifie complètement le système de la garantie d'intérêt, alors même que la garantie devrait être invoquée!

« chambres ne consacreraient une pareille prodi-
« galité. »

Voilà l'objection dans toute sa force; mais, en vérité,
elle n'est pas difficile à réfuter ; en effet, quel est le
but de la garantie d'intérêt ?

1° De faciliter la réunion des capitaux ;

2° D'offrir à la Compagnie un parachute en cas de
ruine provenant d'une cause quelconque, si peu pro-
bable qu'elle soit.

Sur le premier point, bien que l'Etat prenne à sa
charge une portion importante des dépenses (les 7/12
environ), il n'en est pas moins vrai qu'en raison de
l'importance des opérations proposées, la part de l'industrie, quelque réduite qu'elle soit, sera considérable
encore et que, dans l'intérêt de l'exécution de la loi,
un système qui facilite, qui assure la réunion des capitaux n'est point à dédaigner; car, pas de capitaux,
pas de chemins de fer autrement que sur le papier,
et il me semble que nous sommes arrivés à l'époque
où on les veut sur le terrain.

Ensuite, sur le deuxième point, vainement l'Etat aurait-
il pris une part importante de la dépense à son compte,
si, par une cause quelconque, présente ou à venir, l'entreprise était tellement mauvaise qu'elle ne donnât que
de faibles produits, ou même n'en donnât pas du tout;
dans ce cas, les avances des compagnies n'en seraient
pas moins perdues, entièrement perdues, tout aussi
bien que si l'Etat n'eût rien avancé lui-même : seulement, pour le chemin de Châlons, par exemple, la

perte ne serait que de 60 millions au lieu de 130 ou 140.
C'est évident; mais pour ceux qui auraient apporté les
60 millions, la position serait exactement la même : ils
perdraient leur capital en entier, tandis qu'avec le
système de la garantie, ils n'en perdraient qu'une portion (1).

Il y a donc double avantage à accorder l'appui de la
garantie de l'État à l'industrie privée, dans le système
de la loi aussi bien que dans celui de simple concession,
parce qu'il facilitera la formation de sociétés honorables, sérieuses et conduisant à bonnes fins leur entreprise, et qu'il y a moralité à ce que personne ne se
ruine pour avoir fait des travaux d'utilité publique qui,
dans tous les cas et toujours, seront profitables à l'État.

Mais, dira-t-on, il y a superfétation : l'État accorde
une subvention considérable et puis il faudra encore
qu'il accorde une garantie d'intérêt, qu'il courre de
nouvelles chances !

Je vous prie de remarquer ici, que la garantie d'intérêt ne porterait, bien entendu, que sur la portion des
capitaux fournis par l'industrie, et que la somme garantie se trouverait ainsi diminuée de toute la part de
l'État. Ainsi, dans le système des concessions, la garantie pour le chemin de Corbeil à Châlons aurait dû
porter sur 130 millions au minimum et constituer une
annuité de cinq millions deux cent mille francs au

(1) Je dois répéter ici que le recours à la garantie de l'État implique
nécessairement une baisse des actions de 20 à 25 0/0 au-dessous
du pair.

moins, tandis que, dans le système de la loi, la garantie ne porterait que sur 60 millions et l'annuité serait ainsi réduite à deux millions quatre cent mille francs. La différence est digne d'attention.

Ensuite, que c'est à cause des avances de l'Etat, et seulement à cause d'elles, que les concessions seront réduites à une durée de moitié et plus, ce qui, certes, est un immense avantage, car, dans mon intime conviction, là où l'Etat ne fait aucune avance et n'intervient par aucune garantie, la concession devrait être perpétuelle; je crois l'avoir démontré jusqu'à l'évidence dans mes précédentes publications.

Ainsi, pour l'Etat comme pour les compagnies, il n'y a aucune espèce de différence à établir entre les deux systèmes, si l'on admet l'utilité de la garantie d'intérêt, et l'on peut et l'on doit l'appliquer aussi bien dans le système de la loi que dans celui des simples concessions.

J'ai dit qu'il n'y a aucune différence, je me trompe, il y en a une immense, et elle est toute en faveur du gouvernement : dans le système de la loi, les chances mauvaises sont complétement annihilées.

En effet, au moyen de sa part contributive dans la construction des chemins et des 2/3 des terrains apportés par les communes, qu'ensemble, on peut évaluer aux 3/5 environ de la dépense, la garantie d'intérêt de 4 p. 100 se trouve réduite, amortissement compris, à 1 fr. 60 c. p. 100 sur la totalité du capital dépensé,

Ainsi, avant que l'Etat ait déboursé un centime, il faudrait, ce qui ne s'est encore jamais vu
nulle part, qu'un chemin de fer bien construit et bien
exploité (l'intérêt des Compagnies sera toujours là
pour y veiller), ne rapportât pas un et soixante cen-
tième pour cent !!!

Certes, on voit clairement, par ce qui précède, combien il est vrai de dire que la garantie de l'Etat n'est
ici qu'un appui moral! en effet, si cette vérité n'est pas
contestée pour la compagnie d'Orléans, à qui l'Etat a
garanti 4 p. 0/0 (et elle ne l'est pas), comment n'appa-
raîtrait-elle pas brillante d'évidence pour les Compagnies nouvelles dont la garantie serait, de fait, réduite
à 1 fr. 60 c. p. 0/0 du capital de construction.

On s'effraie souvent en voyant les objets de loin ;
convenons-en, c'est ici le cas ; M. le ministre s'est fait
un monstre de l'idée d'une garantie d'intérêt dans le
système de la loi du 11 juin, et je prouve, je crois, que
ce monstre n'est qu'un vain fantôme.

J'espère donc que la crainte qu'il inspire sera bientôt
dissipée ; toutefois, pour ne laisser aucun doute dans
votre esprit, je veux entrer, aussi avant que possible,
dans toutes les objections et voir avec vous, en admettant un moment la supposition que l'on appliquera le
système de garantie à tous les chemins de fer classés
par la loi, et en mettant les choses au pire, ce qui ad-
viendrait pour le Trésor de cet acte de prétendue té-
mérité.

Voyons :

Soient exécutés dans le système de la loi, 4,000 kilomètres ou 1,000 lieues de chemins de fer (ce serait un beau réseau et qui développerait, avec le temps, de bien nombreuses ramifications !).

La part de l'industrie, pour éviter tout mécompte, doit être évaluée à 150,000 fr. par kilomètre ou 600,000 fr. par lieue.

L'industrie aurait donc à dépenser, pour sa part, un capital de 600 millions ; on voit tout de suite que, si l'on veut réunir une somme aussi considérable, dans un délai qui ne soit pas trop long, il ne faut pas négliger le moyen, de tous, le plus efficace.

Cette considération, qu'*un capital de* 600 *millions doit être fourni par l'industrie*, est, certes, à elle seule, d'une grande valeur.

Cela posé, il est impossible de ne pas admettre, avec moi, que plusieurs de ces chemins : ceux de Belgique, d'Angleterre, de Paris à Lyon, d'Avignon à Marseille, d'Orléans à Nantes, par exemple, donneront des produits considérables, bien supérieurs au revenu infime de 1, 60 p. 100 garanti.

Donc, je crois être très-modéré dans mon calcul hypothétique en ne mettant que la moitié des chemins classés, hors de cause.

Il restera alors 300 millions versés dans des entreprises garanties par l'Etat contre un produit net inférieur à 1,60 p. 100 du capital dépensé.

Maintenant, supposez, contre toute vraisemblance, que ces chemins ne rendront, sur leur coût total, soit

750 millions, la part de l'Etat comprise, qu'un pour cent, l'Etat serait condamné, dans cette hypothèse, à payer la différence de 60 cent. sur 750 mill., soit 4,500 mille francs par an.

Allez plus loin, supposez, *ce qui ne se verra jamais*, que des chemins de fer représentant une étendue de 500 lieues, ayant exigé une dépense aussi considérable que 750 millions, ne produiront rien, absolument rien, et dans cette supposition forcée, en dehors de toute prévision raisonnable, il faudra ajouter une charge nouvelle de 7,500,000 francs;

En totalité, douze millions de fr. par an.

Une annuité de douze millions, pendant 46 ans, voilà à quoi aboutirait, en définitive, au maximum, la charge du Trésor pour mille lieues de chemins de fer exécutés dans le système de la loi, avec la garantie de l'Etat sur la portion industrielle, et encore, en admettant comme possible ce qui ne l'est évidemment pas! de bonne foi, y a-t-il de quoi s'effrayer, alors que l'on sait que nulle part, en France ou à l'étranger, les chemins de fer n'ont donné de pareils résultats; lorsque l'on sait les recettes considérables que l'exécution de ces beaux et vastes travaux amènerait, directement ou indirectement, au Trésor; lorsque l'on sait que les *avances* faites par l'Etat, en vertu de sa garantie, si, par impossible, il était dans le cas d'en faire, lui seraient, aux termes de la loi du chemin de fer d'Orléans, remboursées intégralement, soit pendant le cours de l'exploitation avec l'excédant de tous produits dépassant 1 fr. 60 c. p. 100, soit, en dernière analyse (rien ne s'opposerait à ce qu'on en fît une condition expresse), sur la somme qui reviendrait à la Compagnie, à l'expiration du bail, pour le rachat, à dire d'expert, de la voie et du matériel établis à ses frais. Non, certes, il n'y a pas de quoi s'alarmer et, si j'avais une inquiétude, ce serait bien plutôt que, même avec l'appui de la garantie de l'Etat, dans les limites restreintes où il a fallu la circonscrire, j'ai été le premier à le dire (3 p. 0/0 d'intérêt), il ne se présentât pas de Compagnies assez nombreuses, réunissant toutes les conditions désirables, pour l'exécution de travaux aussi considérables que ceux compris dans la loi du 11 juin.

Je crois l'avoir démontré : c'est seulement pour n'avoir pas sondé à fond la question de la garantie qu'on a pu s'effrayer, et c'est dans cet effroi, vrai ou simulé, qu'est la fiction, l'erreur. La vérité, la simple vérité, dégagée de toute illusion, c'est que ce mode de concours offre de grands, d'immenses avantages ; ils ont été mis au grand jour à la tribune et ailleurs ; de plus, une expérience décisive, quoiqu'incomplète tant que la banque et la caisse des dépôts et consignations n'auront pas admis dans leur caisse comme effets publics toutes les valeurs garanties par l'Etat (1), une expérience décisive est sous les yeux du public : elle parle plus haut que tout ce que je pourrais dire.

Quant aux inconvénients, même pour le Trésor, ils

_____

(1) Notes et documents (voir l'*Extrait du Rapport de la Compagnie d'Orléans*).

ont été appréciés à leur juste valeur ; ils sont complètement nuls (1).

Et qu'on ne dise pas, comme l'ont fait souvent, en
désespoir de cause, les adversaires du système de la
garantie de l'État, *qu'en appliquant largement ce système,
on créerait une immense pâture à l'agiotage* ; car, je crois
l'avoir démontré aussi , aucune mesure n'est plus
propre à en affranchir les nouvelles valeurs qu'une disposition qui tend invinciblement à les classer entre les
mains de propriétaires, petits ou grands mais sérieux,
qui les achètent dans l'espoir de se créer un bon revenu,
nullement pour spéculer sur le capital par des opéra-
rations de vente et d'achat réitérées. Ce qui s'est passé,
ce qui se passe tous les jours sur les actions d'Orléans
(voir la note page 17) est, ce me semble, une réponse
sans réplique au reproche adressé au système de la garantie d'un minimum d'intérêt, qu'il est un stimulant à l'a-
giotage : c'est exactement le contraire qu'il faudrait dire.

Quant à créer de nouvelles valeurs qui offrent un
placement solide aux économies annuelles de la nation
et les retiennent, de cette manière, parmi nous, au lieu
de les exposer aux séductions trompeuses des gros in-

(1) Pour définir, une fois pour toutes et nettement, le système de la
garantie d'intérêt, qu'on l'applique, soit à des concessions, soit à la
partie industrielle de la loi du 11 juin, mode qui a l'avantage de réduire , de moitié au moins, la durée des concessions:

« *C'est la promesse d'un prêt éventuel , sans intérêt , à plus ou
moins longue échéance, mais un prêt dont le remboursement est
assuré.* »

Pas autre chose.

térêts; séductions auxquelles les petits capitalistes de Paris n'ont que trop souvent cédé, témoin ce qui s'est passé à la Bourse, sur les rentes d'Espagne et tant d'autres leurres offerts au public, loin de s'en effrayer, il faudrait s'en applaudir. Il le faudrait aussi sous un autre rapport essentiel, celui de la paix publique; il est bien certain que plus on intéresse un grand nombre de personnes à l'ordre, plus on assure le maintien des institutions. Or, augmenter le nombre des propriétaires par la création et la distribution d'un grand nombre d'actions de canaux ou de chemins de fer, *avec un revenu minimum garanti par l'Etat* (car il ne faut pas que ces propriétés puissent s'évanouir dans les mains de leurs possesseurs, comme cela a été le cas pour les actionnaires de plusieurs de ces entreprises), c'est assurément augmenter le nombre des opposants à l'émeute et à toute perturbation sociale ou politique.

Certainement, si, en 1830, au moment de la révolution de juillet, il ne se fût pas trouvé en France, une immense majorité propriétaire, conséquemment intéressée à la tranquillité, le char de l'Etat eût versé; l'habilité du roi, le courage des Casimir Périer, des de Broglie, des Guizot eussent été impuissants à l'empêcher. Entraînés par le torrent populaire, ces chefs intrépides du parti conservateur auraient infailliblement succombé. De nos jours, il faut le reconnaître, c'est dans la propriété, dans l'instinct de conservation, qu'est le gage le plus assuré de la tranquillité.

Profitez donc de l'occasion qui vous est offerte par la loi des chemins de fer : augmentez sans crainte et autant que vous le pourrez, le nombre des propriétaires; ce sera augmenter, par le fait, le nombre de vos adhérents, le nombre des amis des institutions. — Sans doute, c'est un ordre de choses dont notre époque ne peut guère se vanter, que dans la propriété, avant tout, soit la base de la société actuelle en France ; mais à quoi servirait de se faire illusion ? et si c'est la vérité, pourquoi s'effrayerait-on de ce qui doit faire notre sécurité ?

Avant de terminer cette discussion sur l'utilité de l'appui du crédit de l'Etat accordé aux valeurs industrielles, je dois dire que je ne me crois pas obligé de réfuter, sérieusement, le reproche adressé au système de la garantie d'intérêt, de créer une concurrence dangereuse pour les fonds publics français, et de nuire ainsi à leur amélioration progressive. En effet, il est facile de comprendre que les capitaux nécessaires à la création des chemins de fer, il faudra bien les prendre quelque part et qu'ils soient représentés par une valeur négociable ; cela admis, en temps ordinaire et tout allant bien, les valeurs se négocieront facilement sur le marché et la circulation ne recevra pas d'atteinte ; je veux le croire. Mais voici venir une crise comme nous en avons eu en 1818 et en 1825. Croit-on que le résultat en serait le même sur le crédit public si les actions créées en grand nombre, étaient arrêtées dans leur tendance à l'avilissement, par une barrière solide, le *crédit de l'Etat*, ou si, sans contrepoids

régulateur, elles étaient livrées à toutes les oscillations
d'un agiotage effréné et sans limites ? Assurément, dans
le dernier cas, le crédit privé recevrait d'énormes attein-
tes et, par contre-coup, le crédit public ne pourrait
manquer d'en être fortement ébranlé. Ce que celui-ci, en
effet, a le plus à redouter, ce sont les grandes perturba-
tions, et rien ne serait plus propre à les prévenir que la
garantie de l'Etat appliquée aux valeurs industrielles
à créer en vertu de la loi du 11 juin. Selon moi, l'on
va chercher bien loin la cause de l'état stationnaire du
crédit public. Elle n'est pas ailleurs que dans la situation anormale où nous tient le non-remboursement
du 5 p. 0/0. Sortez, par un moyen quelconque, de
cette situation fausse financièrement, honteuse politi-
quement parlant, et nos fonds recouvreront une élasticité qu'ils ont perdue et qu'ils ne retrouveront pas, au
moins au même degré, sans cette mesure réclamée
depuis si longtemps, au nom des vrais principes du
crédit public.

***

Si j'ai réussi, Monsieur, à vous prouver que la loi du
11 juin ne peut s'exécuter largement et rapidement
qu'à deux conditions :

1° Des démonstrations non équivoques et les vues
les plus libérales de l'administration pour attirer, dans
les travaux publics, les notabilités qui s'en sont tenues
à l'écart jusqu'ici ;

2° L'appui du crédit de l'Etat, sous la forme de

garantie d'intérêt, accordé aux capitaux fournis par l'industrie,

Il ne me restera plus qu'à vous dire en quoi, à mon sens , consistent les mesures libérales de nature à détruire l'opinion répandue et enracinée depuis longtemps, que les rapports avec l'administration sont environnés d'entraves, hérissés de difficultés.

Premièrement, il faut, comme je l'ai déjà dit, recourir à tous les moyens capables de persuader les hommes timorés, que les rapports avec le gouvernement, pour les affaires industrielles, seront désormais faciles et dégagés de toutes les difficultés dont on s'est plaint dans l'ancien système, et cela, non sans raison.

La cause détruite (la rivalité entre les ponts-et-chaussées et les compagnies); rien, ce semble, ne doit plus s'opposer à ces bons rapports. Au reste, la création des commissions administrative et des tracés, si elles se tiennent à la hauteur de leur mission et si elles sont animées, comme je le crois, de dispositions favorables au développement des grands travaux publics par l'industrie privée , pourra exercer la plus heureuse influence sur l'opinion , et je suis assuré que M. le ministre des travaux publics ne négligera rien afin que cette création ait surtout pour effet le retour de la confiance.

Ce résultat serait d'autant plus utile à obtenir que le grand réseau déjà voté, doit entraîner l'exécution successive d'une multitude d'embranchements qui seraient évidemment la part de l'industrie locale ; eh bien ! il faut tout faire et dès à présent, pour donner force de vie à cette industrie secondaire , qui , avec le temps , fera des travaux dont l'étendue , en les réunissant , dépassera de beaucoup, peut-être, ceux projetés dans le système de la loi du 11 juin.

Secondement , il faut proclamer la doctrine d'un tarif *maximum* uniforme, suffisant ;

Accorder les immunités demandées par les Compagnies réunies , ou tout au moins une partie de ces immunités. Déjà , je dois le dire, l'appui des divers ministères compétents n'a pas manqué à la compagnie d'Orléans pour repousser, devant le conseil d'Etat , la prétention étrange des conseils municipaux , de faire payer aux Compagnies les frais de perception des droits imposés par l'octroi établi aux gares des chemins de fer.

Le gouvernement devra achever l'œuvre en renonçant lui-même au droit de réclamer les frais de surveillance et de police qu'il exerce sur les chemins, dans l'intérêt du public. En outre , il faudrait dégrever les Compagnies du droit de patente , dont les maîtres de poste sont affranchis;

Et , enfin , *au moins temporairement*, du droit du 10e des voyageurs , droit sans cause , puisque la création et l'entretien des chemins de fer entrepris aux périls et risques des Compagnies et avec leurs propres capitaux, n'entraînent aucune dépense pour l'Etat et le soulagent au contraire , dans ses dépenses pour l'entretien des routes.

S'il persistait dans la perception d'un droit qui se recommande à lui, plus par l'importance qu'il doit acquérir un jour, que par sa justice, il devrait au moins l'établir rationnellement; c'est-à-dire sur le produit net, et non sur le produit brut, mode de perception qui le rend quelquefois exorbitant et complétement injustifiable.

Enfin, pas plus que le public, le gouvernement ne doit prétendre à aucun service *gratuit* des chemins de fer; c'est bien assez que, dans l'intérêt général, il ait le droit, que je ne lui conteste pas, de s'emparer de tout le matériel et de se réserver ainsi, dans des cas donnés, tous les transports.

Puis, le gouvernement doit protéger, encourager, honorer les hommes dont la vie et toutes les facultés sont consacrées à des travaux qui concourent si puissamment à la prospérité publique, travaux dont l'Etat retire, lui, on ne saurait trop le répéter, les plus grands avantages; et cela, alors même que, comme spéculation privée, l'entreprise serait détestable, ce qui, soit dit en passant, pourrait être aussi bien le sort des Compagnies garanties, que celui de celles qui ne le sont pas, leur recours au Trésor ne les mettant pas à l'abri d'une perte, mais seulement d'une ruine complète.

Le gouvernement entré dans cette grande et large voie de protection et d'encouragement; les compagnies d'Orléans et de Rouen donnant des résultats favorables, comme dès aujourd'hui il n'est pas permis de le mettre en doute, nous admettrons volontiers qu'il se présentera alors des Compagnies honorables, Capables d'exécuter, successivement, au moyen de la garantie de l'Etat, tous les travaux ordonnés par la loi du 11 juin

Mais, cela admis, il faut rechercher les moyens de faire marcher d'accord les deux associés ; leur concert est indispensable, car beaucoup de travaux, la plupart même, doivent se faire simultanément; et l'on a dit, avec beaucoup de raison que, sous ce rapport, la loi serait d'une exécution hérissée de difficultés.

Pour vaincre ces difficultés inhérentes au système mixte adopté, nous indiquerons plusieurs moyens qui nous paraissent devoir les résoudre d'une manière satisfaisante pour toutes les parties intéressées.

D'abord, comme il est impossible, quelque bonne foi qu'on y mette de part et d'autre, qu'il ne survienne, en cours d'exécution, des contestations, des conflits entre l'État et la Compagnie, il est indispensable qu'une commission arbitrale composée d'hommes éclairés, indépendants et partisans de l'industrie, soit chargée d'avance et souverainement de vider tous les différends qui pourraient s'élever sur l'interprétation des cahiers de charges et autres conventions.

Cette création serait le complément des commissions déjà instituées, et formerait avec elles une espèce de trilogie administrative répondant à tous les besoins présents et futurs.

Enlever au Conseil-d'État cette partie de ses attributions, semblera presqu'une révolution administrative, et on attaquera, sans doute, vivement ma proposition à ce point de vue; mais la loi du 11 juin a posé le principe de cette innovation : C'est une nécessité à laquelle il me paraît impossible de se soustraire, si l'on veut arriver à quelque chose de pratique.

Le gouvernement doit, en outre, consentir une ndemnité (elle pourrait être calculée sur un intérêt raisonnable des capitaux engagés par la Compagnie), dans le cas où, par la faute de l'Etat, les délais fixés pour la mise en exploitation du chemin seraient dépassés.

Cette indemnité est de stricte justice et ne peut, en principe, être contestée; néanmoins, sa stipulation à l'avance est une chose qui me paraît indispensable.

Enfin, et cette dernière condition me paraît le nœud gordien à délier, l'ingénieur en chef choisi par l'Etat pour la direction des travaux sur toute la ligne, devrait être agréé par la Compagnie et pouvoir devenir aussi son ingénieur, et, à ce titre, recevoir une augmentation de traitement soit annuel, soit, ce que je préférerais, sous la forme de prime, à la fin des travaux, s'ils étaient achevés dans un délai convenu, plus court que celui accordé par l'Etat.

Cette combinaison, d'un même ingénieur pour les deux parties, me paraîtrait devoir faire tomber une multitude de difficultés qui naîtraient inévitablement de la présence de deux ingénieurs : celui de l'Etat et celui de la Compagnie. Je crois devoir la recommander à l'attention toute particulière de M. le ministre des travaux publics, comme une chose capitale dans la question qui nous occupe.

Il serait peut - être nécessaire aussi d'adopter , pour la désignation des ouvrages d'art, un type général. Dans ce cas, ne pourrait-on pas le prendre dans les travaux exécutés sur le chemin de Paris à Orléans? construit par un ingénieur de l'Etat renommé , ce chemin a été visité et examiné dans tous ses détails par des hommes spéciaux, parmi lesquels on pourrait citer les ingénieurs les plus compétents de l'Angleterre, MM. Locke et Stephenson. Ils se sont tous accordés à le regarder comme établi dans les meilleures conditions de solidité et d'exploitation. Une fois reçu officiellement par l'administration, il nous semble qu'on pourrait hardiment le prendre pour un modèle bon à suivre.

Cette mesure, en tant qu'elle soit possible, aurait le double avantage de faciliter les conventions à passer avec les Compagnies, et d'établir dans les travaux une uniformité précieuse quand le point de départ est bon.

En dehors des mesures que je viens d'indiquer, je ne vois guères de praticable qu'un autre mode qui pourra être préféré quelquefois par l'industrie, mais qui ne conviendra certainement pas autant à l'administration des ponts-et-chaussées, dont la juste fierté s'irrite à la seule pensée d'être privée de l'exécution des travaux que la loi lui confère : c'est le marché à forfait à des Compagnies, moyennant un prix convenu , des travaux à exécuter par l'État.

Quant aux concessions directes, il est évident qu'en présence du puissant secours offert par la loi du 11 juin, de longtemps il ne se présentera personne pour

en demander : la compagnie d'Orléans, a, il est vrai,
récemment offert d'exécuter comme concessionnaire le
prolongement de Corbeil à Montereau, et même jusqu'à Sens, mais c'est dans une circonstance particulière, qui ne doit ni ne peut rien faire préjuger pour
l'avenir; il faut donc trouver ailleurs que dans la concession simple des moyens d'exécution capables de
vivifier la loi. Or, ceux que j'ai signalés me paraissent
devoir conduire au but.

Avant de terminer cette longue épitre, me permettrez-
vous, Monsieur, de vous présenter encore quelques
observations sur deux moyens puissants, à la disposition de l'Etat, pour accélérer les travaux à sa charge,
tant sous le rapport de l'exécution matérielle que sous
celui des voies et moyens qu'il devra se créer pour en
solder le prix ; non que j'aie aucune préoccupation à
ce dernier égard, quelqu'importante que soit la somme
à dépenser ; car, j'ai émis avec une profonde conviction, et depuis longtemps, la pensée hardie, téméraire
même aux yeux de quelques-uns, mais bien réfléchie
aux miens, que dans l'exécution des travaux publics,
utiles et reproductifs (1), l'État ne devrait jamais s'arrêter devant la question d'argent. Non, le crédit public

(1) Ici revient toujours la question des tarifs que je résous dans
un sens opposé à ceux qui n'en voudraient pas ou n'en voudraient que
d'infimes. Dans mon opinion, un tarif rémunérateur, improprement
appelé un impôt, n'est que la juste récompense d'un service rendu,
bien supérieur au prix dont on le paie. La preuve en est dans l'empressement des populations à obtenir des chemins de fer, et dans
l'usage qu'elles en font *volontairement*.

ne saurait être mieux employé qu'à subvenir largement
à ces besoins dont la satisfaction augmente la prospérité
générale, atteste le développement de la civilisation et
honore le pays, en même temps qu'il enrichit le Trésor, .
l'intérêt des sommes empruntées étant bien vite récu
péré, et au-delà, par les augmentations dans le revenu
de l'Etat.

Qui de nous oserait soutenir que l'impulsion
récente donnée aux travaux publics, ne figure pas, pour
une part notable, dans l'excédant de 64 millions offert
par l'exercice de 1842 sur les prévisions du budget ?
Pour moi, je suis convaincu que c'est principalement
à cette cause qu'est dû l'accroissement extraordinaire
des recettes du Trésor.

Il faut donc emprunter hardiment pour les travaux
publics, si cela est nécessaire; mais il peut y avoir plusieurs moyens de se procurer les 7 ou 800 millions que
la loi votée fera sortir du Trésor, et s'il est sage de pousser
les travaux avec une grande activité, il ne le serait pas
moins de rechercher, à l'avance, quel serait le meilleur
de ces moyens; car n'oublions pas que *c'est l'argent qui
doit attendre les travaux et non les travaux l'argent.*

Je voudrais donc, puisque nous n'avons pas encore
eu le facile courage de donner à l'Europe l'exemple du
désarmement, mesure qui soulagerait si puissamment
les finances des Etats au profit des peuples et du développement des travaux de la paix, je voudrais, dis-je,
qu'au moins nos nombreux soldats fussent employés
aux travaux publics. Bientôt les fortifications de Paris

seront achevées ; elles offriront une sécurité qui permettra de diminuer notablement le chiffre de l'armée (c'est la seule consolation que puissent avoir encore les adversaires de cette résolution extrême), mais, en attendant ce moment désiré par tant de bons esprits, et pour retirer des fortifications un avantage qui ne puisse être contesté par personne, profitons de la leçon que nous offre leur rapide édification, reconnaissons le parti qu'on peut tirer de l'armée pour exécuter, dans un temps très court, des travaux qui, au premier aperçu, semblaient interminables.

On a dit souvent que l'armée était impropre à cet emploi, que sais-je, qu'il y aurait pour elle une espèce de déshonneur à descendre à de pareils travaux ! Je ne puis comprendre, je l'avoue, qu'il y ait plus de véritable mérite pour l'armée dans un repos sans gloire, et que ses habitudes morales et physiques aient rien à gagner à l'oisiveté des garnisons; cependant, simple citoyen, je me reconnais entièrement incompétent dans cette question; que d'autres plus éclairés la décident; mais faisant appel au bon sens, je me dis : Si après une révolution faite, disait-on, pour avoir un gouvernement à bon marché, la France est condamnée à subvenir aux dépenses d'une armée double de celle de la Restauration, qu'au moins cette armée serve aux travaux de la paix, puisqu'elle n'est pas appelée à faire la guerre (et Dieu veuille que longtemps encore, toujours s'il est possible, la grande épée de la France reste dans le fourreau!)

A toutes les époques, la loi du travail fut la grande

loi de l'humanité : la terre ne rend de fruits qu'arrosée des sueurs de l'homme ; mais jamais cette loi divine ne tendit si impérieusement à imposer son joug à toutes les classes de la société , même aux plus élevées , que de nos jours. En effet , un changement grave se fait incessamment dans les idées et dans les habitudes sociales. Ce mouvement des esprits s'opère lentement sans doute , mais pas assez pour qu'il ne s'aperçoive distinctement ; il conduit invinciblement à une modification essentielle, profonde, de notre état social.

En France, on ne déroge plus en travaillant ; loin de là , on ne parvient plus à rien que par le travail , et c'est lui qui , aujourd'hui , délivre les lettres de noblesse. Les honneurs , la fortune , la considération , ne peuvent plus être le prix uniquement de la faveur. Il faut désormais les acquérir au prix de longs et persévérants efforts. Aussi, l'on voit (et c'est peut-être l'un des faits les plus caractéristiques de notre époque) l'on voit successivement descendre dans la lice du commerce et de l'industrie, dans cette immense arène que jadis les plébéïens arrosaient seuls de leurs sueurs, des noms dont la France s'honore , des noms que l'histoire du pays a consacrés.

Honneur aux hommes de cœur et d'intelligence, jadis de loisir , qui, comprenant leur époque et n'attendant rien d'un stérile repos, s'ouvrent courageusement, à eux et aux leurs, la seule route où l'aristocratie française puisse rencontrer encore les moyens de se maintenir dans la position élevée qui lui appar-

tint jadis ! En présence des faits, en présence de l'économie politique moderne, si profondément modifiée
par nos dernières révolutions, les familles patriciennes
ne peuvent plus espérer désormais conserver et trans-
mettre à leurs descendants cette position élevée qu'à
une condition, celle de se mêler au mouvement des
affaires, au lieu de s'en tenir à l'écart...

Si le travail, qui comprend dans sa variété infinie
tous les genres de labeurs auxquels l'homme puisse se
livrer, est une loi humanitaire ; si cette loi, dure en
apparence, bienfaisante en réalité, étendant de plus en
plus son empire, atteint successivement les classes les
plus élevées de la société, que nos soldats courbent
aussi le front devant elle ; que tant d'hommes jeunes,
forts et vigoureux, l'élite de la population, ne restent
pas inutiles ; qu'ils travaillent. Les travaux de la paix
ne sont pas sans grandeur ; et l'homme sensé, l'homme
ami de son pays aimera toujours mieux voir l'armée
élever des monuments que créer des ruines.

En second lieu, chacun sait, qu'en outre des bras
et des intelligences qui ne manqueront pas, en France,
pour mettre à exécution tous les travaux projetés, il faudra de grands capitaux ; mais ils ne manqueront pas davantage, car, jusqu'ici, la seule chose
qui ait véritablement manqué, c'est la volonté, une
volonté forte et bien arrêtée sans laquelle, pour les in-
dividus comme pour les états, on n'arrive à rien de
grand. Aujourd'hui, cette volonté s'est manifestée, elle
commence à agir, il n'est donc pas indifférent, comme

nous l'avons dit, de rechercher, dès à présent, quels seront les meilleurs moyens de se procurer les capitaux nécessaires. Une idée, celle de la création des bons de chemin de fer, a été émise naguère par le journal la *Presse*; cette idée a séduit plusieurs bons esprits, et elle mérite assurément un examen approfondi de la part du ministre des finances et du cabinet tout entier, car elle touche à des questions délicates, et selon qu'elle sera comprise et réalisée, elle pourrait avoir des résultats tout-à-fait différents.

Il y a quelques mois, une polémique, sans autre but que l'utilité publique, s'était engagée entre la *Presse* et moi au sujet de ces bons de chemins de fer. Je crois ne pouvoir mieux faire, pour éclairer cette question, que de me référer aux pièces qui s'y rattachent (Notes et Documents n° 3), en recommandant avec instance son examen approfondi aux personnes que leurs fonctions appellent à la décider.

Après cette double digression, à l'occasion de l'emploi à faire des bras vigoureux de nos jeunes soldats et de l'émission des bons de chemins de fer, comme voies et moyens des nécessités financières résultant des travaux projetés, je termine enfin cette longue épitre et me résume :

A la session dernière, une loi pour l'exécution des grandes lignes de chemins de fer a été votée avec un accord qui fait honneur aux pouvoirs législatifs; les projets adoptés sont grands et dignes de la France; mais, maintenant, il faut les exécuter, et c'est ici que

commencent les difficultés. Seront-elles insurmonta-
bles ? Non , sans doute , si le gouvernement en a la
ferme volonté.

Qu'il adopte de plus en plus , en fait de travaux publics et de concessions, les idées justes et libérales dont
il s'est fait récemment le partisan, mais dont l'administration n'avait été que trop longtemps l'adversaire ;
qu'agissant en conséquence de ces idées, il accorde une
large et puissante protection à l'industrie que la loi
elle-même appelle à le seconder ; qu'il excite, de cette
manière, les hautes notabilités commerciales et industrielles à se mettre à la tête de ces grandes et belles
entreprises dont , jusqu'ici et non sans raison, à peu
d'exceptions près, elles se sont tenues constamment
éloignées ; et , dans un petit nombre d'années , nous
verrons s'accomplir d'immenses travaux qui répan-
dront la prospérité et la vie dans toutes les parties du
territoire. Alors, pour ses communications intérieures ,
comme sous tant d'autres rapports, la France n'aura
rien à envier à ses voisins. Notre belle patrie aura
repris son rang et tous les hommes publics ou privés
qui, chacun dans sa sphère, auront concouru à
l'établissement des chemins de fer, à l'accomplissement
de ce grand œuvre des temps modernes , auront bien
mérité de leur pays, et ce sentiment intérieur ne sera
pas la moindre de leurs récompenses.

Recevez , etc.

FRANÇOIS BARTHOLONY.

P. S. Nous avons, dans cet écrit, hautement et loya·
lement reconnu les progrès faits par le gouvernement
dans les questions qui se rattachent au développement
des travaux publics et au système des concessions ;
mais notre devoir de rapporteur véridique nous oblige
de faire les réserves les plus formelles pour tout ce
qui se rapporte aux canaux de 1821 et 1822.

En effet, on a tenu envers les Compagnies co-pro-
priétaires de ces canaux, une conduite tellement opposée
aux principes, que je ne pourrais pas dire sur ce sujet
ma pensée sans tomber en complète contradiction avec
la justice que, consciencieusement, j'ai pu rendre à
l'administration en ce qui concerne les chemins de fer.

J'aime donc mieux ne pas entrer dans les détails et
me référer à mes observations de l'année dernière,
époque depuis laquelle, malgré les efforts des intéressés, cette interminable affaire n'a pas fait un pas.

Cependant il est impossible de prolonger davantage
la situation tout-à-fait anormale des Compagnies qui,
dans l'incertitude sur leur existence future, ajournent
de six mois en six mois, depuis quatre ans, toutes les
mesures administratives qu'il serait dans l'intérêt de
leur co-propriété de prendre.

Assurément, le moins qu'on puisse accorder à ces
Compagnies, c'est de leur dire, une fois pour toutes, si
elles sont destinées à vivre ou à mourir ; le moins qu'on
puisse faire à leur égard, c'est de prendre un parti. Le

gouvernement doit se décider dans un sens ou dans l'autre ; en bonne justice, il ne lui est pas permis de tenir ainsi l'épée de Damoclès suspendue indéfiniment sur leur tête.

Depuis quatre ans, plusieurs négociations successivement entamées et poussées plus ou moins loin, n'ont abouti à aucun résultat, et cela, pourquoi ? parce que l'administration, qui, d'ancienne date, a conçu le projet de reprendre la part des produits concédés, voudrait l'obtenir pour rien ou presque rien ; ce à quoi les compagnies ne veulent pas consentir, cela se conçoit facilement. Aussi, c'est une opinion généralement reçue, et les faits ne semblent que trop la justifier, que le non-achèvement des canaux et leurs faibles produits tiennent essentiellement au désir de l'administration de s'approprier à vil prix les actions de jouissance de ces canaux, actions acquises à titre onéreux par les Compagnies (elles l'ont démontré par des chiffres restés incontestés) et qui sont entre les mains des actionnaires une propriété aussi respectable, aussi sacrée qu'aucune autre propriété.

Qui ne voit d'un coup-d'œil qu'une telle combinaison de la part de l'administration, est non-seulement peu digne d'un gouvernement comme le nôtre, mais est encore essentiellement contraire à la justice et aux nombreux intérêts engagés dans cette question ? En effet, comment concevoir que pour une aussi misérable spéculation, on retarde indéfiniment l'achèvement et la bonne exploitation de six cents lieues de canaux, magnifiques domaines qui ont coûté plus de quatre cent millions à l'État, et dont le pays attend avec raison de si grands services !...

Non, le statu quo n'est plus tenable pour personne ; une solution quelconque, mais immédiate, est nécessaire, est indispensable. Elle l'est pour le pays, qui a le droit, après les avoir payés si cher et attendus si long-temps, de demander des canaux en bon état de naviga-tion ; pour l'administration, dont la situation, à quel-que point de vue qu'on l'envisage, est intolérable ; pour les administrateurs des Compagnies, qui paraissent las du rôle qu'on leur fait jouer et vouloir à tout prix sor-tir de la position fausse qu'on leur a faite ; enfin, une solution immédiate quelconque est indispensable dans l'intérêt de la morale publique, qui souffre toujours de la non-exécution d'engagements solennels consacrés par la loi.

A nos yeux, que le gouvernement use ou n'use pas de son droit de rachat des produits concédés, la meilleure solution serait celle-ci :

« Le prompt achèvement des canaux et leur affer-mage à des Compagnies particulières, avec faculté de se mouvoir dans des tarifs maxima convenables. »

Prendra-t-on cette utile mesure, réclamée impérieu-sement par l'opinion publique, témoin tout ce qui s'est dit et écrit à ce sujet dans les chambres et ailleurs ? Nous l'ignorons ; mais il nous paraîtrait difficile que le gou-

vernement, éclairé comme il doit l'être aujourd'hui, ne
prit pas incessamment un parti dans cette question.
En effet, trop d'intérêts majeurs sont en souffrance
pour qu'il ne sente pas la nécessité de s'occuper, sérieusement, de la réalisation d'un vœu devenu aussi
général : il voudra faire cesser, au plus tôt, un état de
choses préjudiciable à tous les intéressés, mais plus
particulièrement à l'agriculture, au commerce et au
Trésor.

FIN.

NOTES ET DOCUMENTS.

NOTE N° 1.

MÉMOIRE ADRESSÉ AU MINISTRE DES TRAVAUX PUBLICS,

PAR LA RÉUNION DES COMPAGNIES DE CHEMINS DE FER FRANÇAIS.

Paris, le   janvier 1842.

A Monsieur le Ministre des travaux publics.

.Monsieur le Ministre,

Le rôle que vous destinez aux Compagnies, dans l'exécution des chemins de fer, doit nécessairement appeler votre attention sur les changements à introduire dans la législation qui les régit.

Le système que vous avez adopté, c'est l'association de l'Etat et des Compagnies, c'est leur concours mutuel à une œuvre, qui ne peut être menée à bien, que par la coopération de toutes les forces du pays.

Diminuer la charge, qui jusqu'à présent, a pesé en entier sur les Compagnies, confier à l'Etat, la partie la plus difficile, la plus chanceuse de l'exécution des chemins de fer, c'est agrandir la carrière ouverte aux Compagnies, c'est, en un mot, mettre à la portée de l'association privée, toutes les lignes de chemins de fer.

Les Compagnies existantes, celles qui ont eu à lutter contre les difficultés, dont vous voulez débarrasser l'avenir, pourront mieux que qui que ce soit, comprendre les avantages de ce nouveau système.

Si elles se réunissent aujourd'hui, ce n'est donc pas pour venir disputer à l'Etat, la part qu'il se réserve dans l'exécution des chemins de fer ; ce n'est pas pour entamer une discussion stérile sur des systèmes absolus.

Les demandes qu'elles viennent vous adresser, n'ont d'autre but que de faciliter l'établissement des Compagnies à former, en améliorant la situation des Compagnies existantes.

La plupart des Compagnies existantes, ont terminé ou tellement avancé leurs travaux, que leurs réclamations ne peuvent aujourd'hui porter que sur les conditions des cahiers des charges, qui régissent l'exploitation.

Voici le résumé de ces demandes :

1° Elévation et modification des tarifs.

2° Suppression entière de l'impôt foncier, des patentes, portes et fenêtres, exemption de l'impôt du 10ᵉ, pendant 10 ans.

3° Modification des redevances municipales et du droit d'octroi.

4° Suppression des frais d'inspection de police et de surveillance.

5° Indemnité pour le transport des lettres.

Élévation et modification des tarifs.

Lors de l'établisssement des chemins de fer en France, il y avait, pour les tarifs, à choisir entre la liberté des tarifs, qui n'a produit en Amérique, que de bons résultats, et le maximum des tarifs élevés, ou plutôt la fixation illusoire, adopté sans inconvénient, en Angleterre. On a voulu mieux faire en France, et sans aucune expérience préalable, on est parti de ce principe, que les tarifs des chemins de fer, devraient être inférieurs aux conditions de la viabilité gratuite.

Le gouvernement effrayé des conséquences du monopole, prit en faveur du public les précautions les plus sévères.

Les Compagnies, qui n'étaient éclairées ni sur les dépenses de construction, ni sur les frais d'exploitation, dans l'espoir d'un développement illimité de circulation, acceptèrent les bas tarifs.

Sur un chemin, principalement destiné aux voyageurs, comme il importe de maintenir la voie toujours libre, le matériel de transport des marchandises doit être établi dans les mêmes conditions de solidité que celui des voyageurs.

A cette cause d'augmentation de dépenses, se joint la responsabilité d'abord, puis l'irrégularité, qui oblige d'avoir toujours un matériel et un personnel disponibles pour les transports imprévus, qui se présentent et qu'on est tenu de faire. Cette dernière circonstance augmente les frais généraux et les pertes d'intérêt, dans une énorme proportion.

La première application des locomotives au transport des voyageurs semblait permettre des prix très bas. On évaluait les conditions de ce nouveau mode de transport, d'après la force relative du moteur dont on pouvait disposer. Mais on ne pensait pas, que l'on ne pouvait toujours employer toute la force qu'on était dans le cas de développer, que souvent il n'était possible d'utiliser qu'une partie minime de cette force, que la dépense de cette force était souvent insuffisamment rétribuée par l'inégale distribution des voyageurs dans les convois.

Tous ces faits ne pouvaient être révélés que par l'expérience ; elle a prouvé, qu'en certain cas, les bas tarifs imposaient aux Compagnies, des conditions d'exploitation ruineuses et parconséquent impossibles à maintenir.

A mesure que les chemins de fer s'achevaient, et que le compte rigoureux des dépenses et des recettes pouvait s'établir, les Compagnies étaient infailliblement amenées à demander l'élévation des tarifs ; et la justice de leur réclamation fut si bien appréciée par le gouvernement et par les chambres, que les tarifs, après un accroissement successif, sont arrivés, mais pour quelques compagnies seulement, presqu'au taux maximum où il faudrait qu'ils fussent portés, pour assurer aux Compagnies, de raisonnables conditions si elles ne peuvent obtenir une liberté entière.

En France, plus qu'en tout autre pays, cette liberté serait sans inconvénients.

Il est démontré par l'expérience que les chemins de fer, en tout pays, ne sont pas un objet de luxe, mais de première nécessité, et qu'à ce titre tout leur succès est dans le bon marché.

En France, cette condition est vitale pour les Compagnies. L'amélioration du mode de transport, sa vitesse, toutes les facilités, ne suffisent pas pour attirer les voyageurs. On n'est pas, comme en Angleterre, accoutumé à payer cher la locomotion. Il n'y a point de pays où les transports sur les routes soient à meilleur marché qu'en France, c'est une habitude entrée si profondément dans nos mœurs, et, ce qui est plus positif, si conforme à l'état de nos fortunes, qu'il n'y a pas de perfectionnement, d'invention nouvelle, qui ne doive se soumettre à cette loi du bon marché.

Si les chemins de fer ne se conforment pas à la fortune de la classe moyenne, si même, ils ne descendent plus bas, si par d'habiles combinaisons ils n'attirent pas les masses, les chemins de fer seront déserts.

C'est là une garantie tellement positive contre un monopole, d'ailleurs impossible, que la liberté entière des tarifs, serait aujourd'hui sans inconvénient.

Mais si les craintes qui la repoussent doivent être respectées, elles ne peuvent du moins s'opposer à l'établissement de limites moins étroites.

Ce qui importe surtout, dans un esprit de justice pour les Compagnies et dans l'intérêt du public lui-même, c'est que les tarifs soient susceptibles des nombreuses modifications, que des circonstances variables à l'infini, peuvent commander.

En un mot, il faut se contenter de poser dans les tarifs, quelques limites générales de maximum et laisser à l'application l'élasticité nécessaire pour que l'exploitation ne soit pas à chaque instant entravée.

Il ne s'est pas encore élevé de plaintes contre les prix perçus par les Compagnies de chemins de fer, et les reproches qui ont pu être adressés à certaines parties de leur service, ont presque toujours été motivés par les difficultés que leur suscitaient les prescriptions minutieuses des cahiers des charges et en particuliers celles relatives au tarif.

Nous avons prouvé, que la liberté absolue des tarifs, serait sans inconvénient, que les Compagnies seraient contenues dans de justes limites, par la loi de leur propre intérêt. Avec cette garantie toute puissante, le gouvernement peut donc accorder en toute sûreté, et il le doit, en toute justice, aux Compagnies, la rénumération la plus complète de leurs sacrifices et des services qu'elles rendent.

C'est pour atteindre ce but, que nous vous demandons de fixer le tarif maximum, suivant :

Projet de conversion des Tarifs existants, en un seul Tarif maximum, dans les limites duquel chaque Compagnie pourrait se mouvoir comme elle l'entendrait, en se conformant aux clauses et conditions qui se rattachent au susdit Tarif (1).

Dans l'état actuel des choses :

Par les messageries, la tonne
de marchandises coûte. . . 4 50 ou 1 f. 12 c. p. kil.
Par roulage accéléré. . . 1 50 à 60 ou 40 c. dito.
Par roulage ordinaire. . . 1 environ ou 25 c. dito.

----

(1) Le tarif demandé est exactement le même que celui j'ai réclamé dans mes précédentes publications, sauf qu'il comporte 2 c. 1/2 de plus par voyageur et par kilomètre : soit 15 c. pour la première classe, 12 c. 1/2 pour la deuxième, et 10 c. pour la troisième.

Je persiste à penser que le tarif de 12 c. 1/2, 10 et 7 c. 1/2 que j'ai indiqué, serait suffisant. C'est, au reste, celui qui a été accordé à la compagnie de Rouen.

De sorte qu'un tarif maximum de 25 c. pour les marchandises de 1ᵉ classe, répondrait au plus bas prix de transport par terre, actuellement en usage, et cela sans tenir aucun aucun compte de la célérité.

Et si l'on fait la comparaison des prix de transport par classe l'on aura :

1ʳᵉ CLASSE :

Pour les marchandises, une économie de. . . 4 1/2 pour 1
(c'est-à-dire que, pour le même prix, on trans-
posterait 4 fois et demie plus d'objets) ;

2ᵉ CLASSE :

Pour celles usant du roulage accéléré, une
économie de. 2   pour 1
(c'est-à-dire que, pour le même prix, on trans-
porterait le double plus d'objets) ;

3ᵉ CLASSE :

Pour celles usant du roulage ordinaire . une
économie de. . . . . 1 2/3 pour 1
(c'est-à-dire que, pour le même prix, on trans-
porterait deux tiers plus d'objets).

Ces économies, quoique calculées sur le maximum du tarif, seraient très-considérables comme on le voit.

Pour les voyageurs, on paie dans ce moment, en poste, au maximum trois lieues à l'heure, 75 cent. par lieue ou 18 c. 3/4 par kilomètre. En diligence, deux lieues à l'heure ; moyenne des places, 60 cent. par lieue ou 15 cent. par kil. Donc, si le maximum des voyageurs était fixé à 15 cent., ce prix serait égal au prix le plus bas du mode de transport actuel.

Il est bien entendu que ce nouveau tarif ne serait pas appli- cable aux Compagnies qui n'ont pas de tarif ou qui ont un maxi- mum plus élevé que celui que nous demandons. L'exemple de

ces Compagnies est un argument en faveur de la liberté des
tarifs, puisqu'elles se sont servi de cette liberté avec un esprit
de justice et de modération qui ne s'est jamais démenti.

En outre de ces modifications du tarif, nous demandons que
le droit à prélever pour les distances intermédiaires, puisse être
perçu sur une distance minimum de 10 kil., et qu'il nous soit
permis de faire circuler des convois spéciaux à une vitesse plus
grande que celle qui nous est imposée pour les voyageurs par
le cahier des charges, mais à des prix que nous pourrions fixer
en-dehors des limites des tarifs.

Suppression entière de l'impôt foncier, des portes et fenêtres, des patentes; Exemption, pendant dix ans, de l'impôt du 10ᵉ.

Le sol sur lequel est établi le chemin de fer et les bâtiments
d'exploitation, sont soumis à la contribution foncière la plus
élevée. Les mêmes bâtiments deviennent, en outre, la base d'un
autre impôt, celui des patentes.

Si la Compagnie établit un chemin de fer de cinquante lieues,
elle est obligée de construire, pour le service du public, de
nombreuses stations, des ateliers et des magasins de toute espèce, on estime la valeur locative de tous ces bâtiments, et la
compagnie paie le dixième de ce loyer, arbitrairement fixé,
plus le droit fixe. L'humble abri du cantonnier n'est même pas
exempt de cette taxe.

La loi déclare les chemins de fer d'utilité publique; elle
investit les Compagnies de tous les droits que les lois et régle-
ments confèrent à l'administration, mais seulement en ce qui est
relatif aux travaux. Le bénéfice de l'utilité publique, ne subsiste
pour nous que pendant que nous élevons, à grands frais, la base
de notre service. Le jour où commence la réalisation de cette
utilité publique, la distinction qui nous protégeait s'efface, et

toutes les charges qui pèsent sur l'industrie privée, retombent sur les chemins de fer.

Les immunités, les avantages que la loi leur confère, pendant la durée des travaux, sont accordés comme une compensation de sacrifices imposés aux Compagnies comme le prix des services qu'elles rendent au public, Mais ces sacrifices, mais ces services, n'existent-ils que quand les Compagnies achètent des terrains, creusent des tranchées, élèvent des remblais, percent des souterrains et construisent des ponts? L'entretien de ces travaux d'art, la création, la réparation d'un immense matériel, les frais d'un nombreux personnel, ces charges permanentes ne confèrent-elles pas, au contraire, aux Compagnies un nouveau caractère d'utilité publique?

L'utilité publique commence réellement le jour où l'on pose la première pierre et ne cesse qu'au terme de la concession. Et ce jour-là, que devient la propriété des Compagnies? Elle passe tout entière, sans indemnité, dans les mains de l'Etat. Leur part des charges publiques, les Compagnies l'acquittent alors en capital.

Tous les terrains, tous les bâtiments affectés à un service public, sont exempts d'impôts, même lorsqu'ils ne sont pas la propriété de l'Etat, et qu'il ne les tient qu'en location ; et les chemins de fer, qui sont réellement la propriété de l'Etat, quoique construits et payés par les Compagnies, seraient soumis aux contributions ordinaires ! C'est là une injuste dérogation à tous les principes en matière d'impôt.

·Lorsque Napoléon voulut provoquer de grandes constructions dans les rues Castiglione et Rivoli, il les affranchit pendant trente ans de toute contribution. Ce n'étaient cependant pas là des travaux d'utilité publique.

Nous sommes donc fondés à demander la suppression des contributions foncières, des portes et fenêtres et des patentes, sur les chemins de fer et leurs dépendances.

Après avoir soldé toutes ces taxes, après avoir acquitté toutes celles qui frappent indirectement tous les produits qui entrent dans la consommation usuelle d'un chemin de fer, il faut encore admettre le fisc au partage des recettes.

A l'ouverture du chemin de fer de St-Germain, ce prélèvement a été de 11 0/0 sur toutes les recettes brutes, soit 23 0/0 des produits nets.

La loi de 1838 a changé cette proportion ; la perception ne s'opère que sur la partie du tarif applicable aux frais de transport. Cet impôt représente encore aujourd'hui, pour cette Compagnie, 8 à 10 0/0 des recettes nettes. Cet impôt doit être payé avant toute répartition d'intérêts aux actionnaires, et lors même que la recette ne couvrirait pas les frais d'exploitation.

La compagnie de Cette à Montpellier a été constituée en perte par le prélèvement de l'impôt du 10e.

La commission de la Chambre des députés, chargée d'examiner le projet de loi qui a eu pour but de changer l'ancienne perception, a proposé la suppression entière de l'impôt du 10e pendant un temps limité. La chambre, à une très-faible majorité, a rejeté cette proposition. On était encore pour les dépenses et les produits des chemins de fer, dans l'âge des illusions, L'industrie privée à laquelle on offrait, sans distinction, l'exécution de toutes les lignes, n'avait pas encore reçu la sévère leçon de ruineux mécomptes.

Ce que la commission et une grande partie de la Chambre recommandaient alors, comme un encouragement des Compagnies, auxquelles on croyait ouvrir la source d'inépuisables richesses, pourrait-on le refuser aujourd'hui comme une compensation à des sacrifices consommés, dont personne n'avait prévu l'étendue ?

Par quel effort fiscal est-on parvenu à assimiler le transport par chemins de fer, au transport qui s'effectue sur les routes ordinaires ? Il n'y a pas la moindre parité entre les charges et les obligations de ces entreprises. Les Compagnies de chemins de fer sont, non-seulement tenues d'effectuer comme les messageries, toutes les dépenses relatives au transport, mais elles ont de plus à leur charge, d'abord, la confection, puis l'entretien permanent du chemin sur lequel elles circulent.

Le service du chemin de fer est un service public, obligatoire pour la Compagnie, lors même qu'il ne présenterait que des pertes. Une entreprise de messageries peut cesser entièrement son service.

Le motif de l'impôt du dixième sur les voitures publiques, c'est l'entretien des routes. Cet impôt a remplacé celui des barrières. Il est destiné à indemniser, en partie du moins, l'Etat des dépenses qu'il fait pour la construction des routes et le maintien de leur viabilité. Ces deux charges, l'Etat en est affranchi sur les chemins de fer ; l'industrie privée qui les a créés, les répare, les entretient, et on ne saurait trop le répéter, les livre à l'Etat sans indemnité. N'est-ce pas assez de ces avances, de ces charges, de cet abandon gratuit ; faut-il encore y ajouter un impôt ?

Mais cet impôt, dira-t-on, est prélevé en-dehors du tarif ; c'est le voyageur qui le paie, la Compagnie n'a que la peine de la perception. C'est une erreur, si l'impôt du 10e excède la limite du meilleur tarif, de celui qui attire le plus grand nombre de voyageurs, cet impôt détruit l'économie de ce tarif ; s'il n'excède pas cette limite, l'impôt prive injustement les Compagnies d'un produit qui doit leur appartenir.

Nous vous prions d'ailleurs, M. le ministre, de remarquer que l'administration des postes, qui n'effectue qu'un service facultatif, n'est pas soumise, pour le service des voyageurs, à l'impôt dont nous demandons la suppression pendant dix ans.

Pour les Compagnies dont les travaux sont achevés et qui sont en pleine exploitation, cette suppression commencerait à partir de la promulgation de la nouvelle loi, et pour les compagnies en construction, à partir dès l'entière exploitation de leurs lignes.

A l'expiration de ces dix années, la suppression continuerait en faveur des Compagnies qui ne pourraient pas distribuer un intérêt de cinq pour cent à leurs actionnaires.

Modification des redevances municipales et des droits d'octroi.

Les compagnies d'Orléans, de Saint-Germain et de Versailles, sont en contestation avec la ville de Paris, qui les actionne pour avoir à payer les salaires des employés chargés de la perception et de la surveillance des taxes de l'Octroi, près de ces établissements.

La ville de Versailles avait élevé une prétention semblable, elle y a renoncé.

La contestation avec la ville de Paris est encore pendante, il est important pour tous les chemins de fer, que les droits des villes et des Compagnies soient à cet égard, régulièrement établis.

Il est évident qu'un chemin de fer, autorisé par une loi à pénétrer dans une ville, ouvre une nouvelle barrière, au même titre que l'Etat aurait pu le faire, pour le percement d'une route royale, et que, parconséquent, l'augmentation des frais de perception résultant de l'ouverture de cette communication nouvelle, ne peut pas plus être à la charge des compagnies qu'elle ne serait à la charge de l'Etat.

Nous croyons à cette occasion devoir vous citer un précédent qui mérite de fixer votre attention.

Dans son rapport sur les chemins de fer, présenté aux Chambres belges, voici comment s'exprimait M. Nothomb, ministre des travaux publics :

« Dans le principe, les stations ont été établies à proximité des « villes, mais extérieurement à leur enceinte. Ce choix des « emplacements était motivé sur deux considérations principales,

« On voulait d'abord que le chemin de fer restât affranchi des
« taxes locales et de la gêne inséparable de leur perception, on
« voulait aussi ne pas grever le chemin de fer des frais, souvent
« élevés, que comporte l'établissement des stations intérieures
« et amener les villes à offrir leur concours pour l'établissement
« de ces stations.

« Aujourd'hui, plusieurs stations intérieures sont établies ou
« arrêtées en principe. Ces inconvénients ont été réduits à rien,
« ou sensiblement atténués par les conventions faites avec les
« administrations communales, conventions qui placent les sta-
« tions à toujours en dehors du principe de l'octroi, et imposent
« le plus souvent aux villes l'obligation d'entrer dans la dépense,
« soit directement, soit en fournissant les terrains gratuitement,
« ou à des prix inférieurs à leur valeur vénale. »

S'il n'est plus temps pour nous de demander, que comme en
Belgique, les villes supportent en partie les dépenses d'établissement de nos stations, nous nous croyons fondés à obtenir que
les stations de chemins de fer, sur quelque point qu'elles soient si-
tuées, soient considérées comme en dehors de l'octroi, et que le
coke et le charbon consommés sur les chemins de fer soient
affranchis de tout droit d'octroi.

Suppression des frais d'inspection de police et de surveillance.

Tous les citoyens sont soumis à la surveillance de l'autorité
et ont droit à sa protection ; cette surveillance et cette protection sont comprises dans les dépenses publiques ; et cependant
les Compagnies de chemin de fer sont tenues d'acquitter les frais
d'inspection pendant et après l'exécution des travaux, et les
frais de police et de surveillance pendant l'exploitation.

L'inspection exercée par les ingénieurs des ponts-et-chaussées est une partie du service public, dont la rénumération ne peut être imposée aux Compagnies de chemin de fer. Les propriétaires des ponts suspendus en ont été affranchis.

Les commissaires et les agents établis par l'autorité ne dispensent en aucune façon les Compagnies de frais de surveillance et de police, que leur imposent les exigences du service public et la sûreté de leur propre établissement. Ces frais il est naturel que les Compagnies les supportent, et ils entraînent une dépense considérable : cette police est d'ailleurs exercée par des agents au choix des Compagnies, mais qui, d'après les lois de concession, peuvent être et sont en grande partie assermentés, et qui, en cette qualité, remplissent indépendamment de leur service pour la Compagnie, des fonctions de police publique.

Mais là doit s'arrêter la charge des Compagnies ; quant à la police publique qui s'exerce sur les chemins de fer, comme à l'égard de tous les établissements publics et privés, par des agents que nomme l'autorité, elle ne peut équitablement, convenablement, être payée par les Compagnies.

Cette réclamation a déjà été adressée par les Compagnies de Saint-Germain et de Versailles à M. le ministre de l'intérieur, qui leur a répondu, *qu'il était disposé à adopter la base de leur réclamation et à penser que les frais des commissaires spéciaux et des agents de surveillance, établis dans l'intérêt de la police générale et étrangère au service matériel des chemins de fer, ne devraient pas être imposées exclusivement aux Compagnies.*

Aussi nous vous prions, M. le ministre, d'affranchir tous les chemins de fer de ces charges dont l'importance s'accroît d'ailleurs en raison de la longueur des lignes.

Indemnité pour le transport des lettres.

Le transport gratuit des lettres n'a été imposé ni en Amérique ni en Angleterre. Dans ces deux pays, l'administration des postes a été considérée comme tout individu se servant des chemins de fer aux conditions communes ; elle traite donc de gré à gré avec les Compagnies pour le transport des lettres.

Nous demandons que le même principe soit appliqué aux chemins de fer en France. A l'appui de cette demande, nous pouvons citer l'exemple des Compagnies qui ne sont pas obligées de transporter gratuitement les lettres et qui se sont empressées de traiter avec l'administration des postes, aux conditions les plus favorables pour ce service public.

En outre de ces demandes que nous soumettons à votre bienveillante attention, nous aurons à la solliciter pour une question non moins grave puisqu'elle intéresse tout à la fois la sécurité publique et la sûreté de nos établissements. Il est évident qu'il y a une lacune dans la loi au sujet des délits et crimes commis sur les chemins de fer, soit contre les Compagnies soit contre le public lui-même. Les inconvénients de cette situation ont déjà dû être signalés au gouvernement, et nous ne doutons pas qu'ils ne soient bientôt l'objet de ses plus sérieuses méditations. Dès qu'il s'occupera de ce complément de nos lois, nous nous ferons un devoir de vous communiquer tous les renseignements que notre expérience de ce service public nous aura mis à même de recueillir.

Nous avons l'honneur d'être, etc., etc.,

LES DÉLÉGUÉS DES COMPAGNIES :

de Paris à Orléans,
— Rouen,
Strasbourg à Bâle,
d'Andrezieux à Roanne,
de Saint-Étienne à Lyon,
de Cette à Montpellier, etc.

NOTE N° 2.

Note relative à l'exécution immédiate de la ligne de Paris à Lyon.

En décembre dernier, des pourparlers eurent lieu entre M. le ministre des travaux publics et l'auteur de cette lettre, à l'effet d'examiner s'il serait possible d'obtenir de la compagnie d'Orléans, qu'elle se chargeât, dans le système de la loi du 11 juin, de la ligne de Corbeil à Châlons, mais cette ouverture de négociations fut arrêtée, dès les premiers pas, par une difficulté sans importance, selon moi : l'extension de la garantie d'intérêt aux nouveaux travaux. Les choses en cet état, j'ai pensé qu'il ne serait pas sans utilité d'ajouter aux développements sur la question générale discutée dans cet écrit, la note spéciale qui suit.

Cette note remise à monsieur le ministre des travaux publics démontre jusqu'à l'évidence, je le crois, que l'exécution immédiate de cette ligne, (ligne de premier ordre, puisqu'au moyen des Compagnies qui se présentent pour le chemin de Belgique et celui d'Avignon à Marseille, elle complèterait la grande artère qui unira Lille et Marseille), ne dépendrait d'aucune difficulté sérieuse, si la compagnie d'Orléans consentait, définitivement, à se charger de cette grande entreprise.

Au reste, pour se convaincre que la difficulté qui a interrompu les négociations commencées, ne serait pas de nature à empêcher leur reprise, si l'on était d'accord sur les autres points, il suffit d'examiner la question froidement et sans idée préconçue d'avance. Voici cette note :

« Si, malgré les preuves nombreuses contenues dans ma deuxième lettre à un député, que le système de la garantie d'intérêt appliqué à la loi du 11 juin, serait sans inconvénient, le gouvernement pouvait hésiter encore à adopter une mesure que

je considère comme le complément presqu'obligé , comme le
gage le plus certain de la réussite de cette loi, au moins ne pourrait-il pas méconnaître cette vérité : c'est que , fondée sur la
garantie d'intérêt, la compagnie d'Orléans, dont l'on paraît
désirer le concours pour de nouveaux travaux, se trouve dans
une situation tellement exceptionnelle, que, le gouvernement
ne voulût-il plus désormais accorder cette faveur à personne, ce
ne serait pas, selon nous, un motif suffisant de la refuser à la
compagnie d'Orléans.

Premièrement, parce qu'elle jouit déjà de ce mode de concours ;

Secondement, parce qu'au moyen de la confusion des produits
de la ligne d'Orléans avec ceux des nouvelles lignes qu'on pourrait vouloir lui concéder , à titre de bail ou de concession , on
annulerait , par là , complètement et sans aucun doute possible,
la chance que l'Etat soit jamais appelé à débourser un centime
en vertu de sa garantie.

Troisièmement enfin, et cette dernière raison est sans réplique,
parce que , si l'article 1er des statuts de la Compagnie prévoit et
autorise l'extension illimitée de sa concession (1) , il n'y a pas
de décision du conseil ni de vote de l'assemblée générale qui
puissent altérer la condition fondamentale de la société : l'assurance donnée à chaque actionnaire du remboursement de son
capital et du service des intérêts , au minimum , à 3 0/0.

Donc, quelle que soit l'opinion que l'on ait pu se former des
avantages ou des inconvénients qui pourraient résulter pour
l'Etat de la généralisation du système de la garantie d'intérêt , le

---

(1) Il est formé entre les comparants, sauf l'autorisation du gouvernement ,
une société anonyme pour l'exécution et l'exploitation du chemin de fer de
Paris à Orléans , de ses embranchements et de ses dépendances , *et des pro-
longements et embranchements qui pourront être ultérieurement demandés
au gouvernement par la Compagnie, dans le but d'assurer de nouveaux
avantages à l'entreprise.*

gouvernement pourrait continuer d'appliquer ce système à la compagnie d'Orléans, exceptionnellement, à titre d'essai, sans que personne pût s'en plaindre justement, et dès lors, sans engager la question générale davantage qu'il ne l'a fait jusqu'ici.

En effet, le gouvernement veut le concours de la Compagnie ou il ne le veut pas ; dans le premier cas, celui où il apprécie à leur juste valeur les services que peut rendre une société aussi bien constituée que la compagnie d'Orléans, il doit étendre aux nouveaux travaux qu'elle entreprendrait, la garantie de l'Etat accordée aux anciens ; les faits antérieurs en font une loi absolue, et refuser cette garantie, c'est tomber dans le second cas : c'est dire qu'on ne veut pas du concours de la Compagnie, car ce concours ne pourrait être obtenu à un autre prix, alors même que le conseil d'administration y voudrait consentir.

La situation des choses, relativement à la compagnie d'Orléans, est donc tout à fait exceptionnelle, et la question de la garantie d'intérêt sur laquelle, seule, on paraissait en désaccord, ne devrait faire, selon moi, aucun obstacle à la réalisation des vues de M. le ministre des travaux publics. »

Au reste, ce qu'il importait d'établir, c'est que la compagnie d'Orléans, voulût-elle se passer de la garantie d'intérêt, elle ne le pourrait pas. La conclusion de ce fait est facile à tirer : j'en laisse le soin à qui de droit.

Avant-propos à la note n° 3, relative à l'émission des bons de chemins de fer.

La question des bons de chemins de fer est arrivée à maturité comme toutes les questions qui ont pour objet la création des voies et moyens pour la prompte exécution des chemins de fer votés.

En effet, il n'y a aucun motif raisonnable de supposer que le gouvernement soit dans l'intention de subordonner aux excédants de budgets ordinaires l'activité à donner aux travaux. Ce serait rentrer dans le système déplorable qui a retardé, de 60 ou 80 ans, la jouissance des canaux entrepris par l'Etat ; or, la leçon est trop récente et trop coûteuse pour être perdue !

Dans la situation des choses, il n'y a qu'une marche à suivre : C'est de pousser les travaux avec la plus grande activité, avec la plus grande énergie et de pourvoir, par le crédit, aux besoins, au fur et à mesure qu'ils se manifesteront.

De cette manière, on jouira plus tôt et plus sûrement des avantages qu'on s'est promis des chemins de fer; les travaux seront moins coûteux et produiront davantage, et tout cela au prix de quoi? D'emprunts dont les charges seront plus que couvertes par les recettes de tous genres qu'amèneront au Trésor les travaux entrepris.

En vérité, il n'y a pas, dans de pareilles circonstances, à se préoccuper le moins du monde de l'obligation où l'on sera de recourir au crédit.

Je l'ai dit ailleurs : personne ne sait ce que le crédit public appliqué hardiment aux travaux reproductifs de la paix, pourrait exercer d'influence sur la prospérité générale.

Avec ce levier puissant, le gouvernement, peut, en vingt-ans, s'il le veut, changer la face du pays.

NOTE N° 5.

Proposition de M. Émile de Girardin d'une émission de bons de chemins de fer, comme voies et moyens des grandes lignes de chemins de fer à exécuter par l'État.

..... Pourquoi donc n'émettrait on pas, au fur et à mesure des besoins et des travaux, les *bons de chemins de fer*, ayant les chemins de fer eux-mêmes pour garantie spéciale, indépendamment de la garantie supplémentaire de l'État, étant productifs d'un intérêt de 3 fr. 65 c. par an, au porteur, pour les sommes de 100 fr. à 1,000 fr., et nominatifs ou au porteur, au choix, pour les sommes de 1,000 fr. et au-dessus ?

Qu'y aurait-il à la fois de plus simple et de plus sûr pour tous les particuliers, et de moins onéreux pour l'État ?

Toute personne, à quelque classe qu'elle appartînt, dès qu'elle aurait 100 fr. chez elle, les convertirait en un bon de chemins de fer d'égale somme, pour jouir des intérêts à courir jusqu'à l'époque où elle le donnerait en paiement. Quant au calcul des intérêts, quoi de plus simple ? Tous les bons de chemins de fer auraient le 1er janvier pour date de jouissance. L'intérêt étant d'un centime par jour par somme de 100 fr., et de dix centimes par jour par somme de 1,000 fr., il n'y aurait pas même de risque qu'un enfant s'y trompât. Tout *bon de chemin de fer* de 1,000 fr. gardé en caisse pendant un mois vaudrait 1,003 fr., et serait donné en paiement pour cette somme. Nulle doute que l'effet moral d'une création ne fût bientôt de familiariser tout le monde avec les avantages de l'épargne, et d'étendre encore les habitudes d'ordre, et par suite les moyens de bien-être. On dépense assez facilement, et sans s'en rendre compte, l'argent qui reste improductif; on dépense plus difficilement celui qui donne un intérêt, quelque faible qu'il soit. L'argent attache plus par son produit que par lui-même. C'est une observation dont l'exactitude ne sera contestée par aucun de ceux qui ont attentivement suivi les placements qui s'opèrent dans les caisses d'épargne.

Nous négligeons tous détails secondaires d'exécution ; ce n'est pas ici le lieu de s'en occuper ; ce n'est pas un projet de loi que nous rédigeons, mais simplement le germe d'une idée que nous déposons.

S'il en était du moyen que nous venons d'indiquer comme il en a été de la garantie d'intérêt qui a trahi les espérances qu'on avait fondées sur elle, s'il n'avait pas une énergie suffisante, rien ne serait plus facile que de l'accroître en donnant aux *bons de chemins de fer* un numéro de série, et en les faisant concourir à un tirage de lots analogue à celui qui a eu lieu pour les obligations de la ville de Paris. L'intérêt fixe des *bons de chemins de fer* n'étant que de 3 francs 65 c. par an, on pourrait appliquer 35 centimes à l'affectation de ces lots ; ce qui ne ferait encore qu'un intérêt de 4 p. 100 par an. Les porteurs de ces bons jouiraient donc ainsi de deux avantages : premièrement, de recevoir un intérêt de 3 francs 65 c. par an ; deuxièmement, de courir, sans aucun risque de perte, la chance de gagner un des lots qui pourraient varier de 500 fr. à 50,000 fr. S'il y avait une objection à faire à ce moyen de crédit, ce serait d'être doué d'une action trop puissante, d'exciter trop vivement à l'épargne et de placer les *bons de chemins de fer* dans une position trop favorable peut-être, par rapport à la rente, aux bons royaux, aux placements hypothécaires, à l'escompte des effets de commerce, au dépôt dans les caisses d'épargne, et surtout aux billets de la banque de France.

A cette dernière objection, il y aurait plusieurs réponses : — Premièrement, l'émission des *bons de chemins de fer* serait forcément limitée à l'importance des sommes appliquées à l'exécution des lignes principales ; deuxièmement, cette émission n'aurait pas lieu en bloc, mais successivement dans la mesure de la

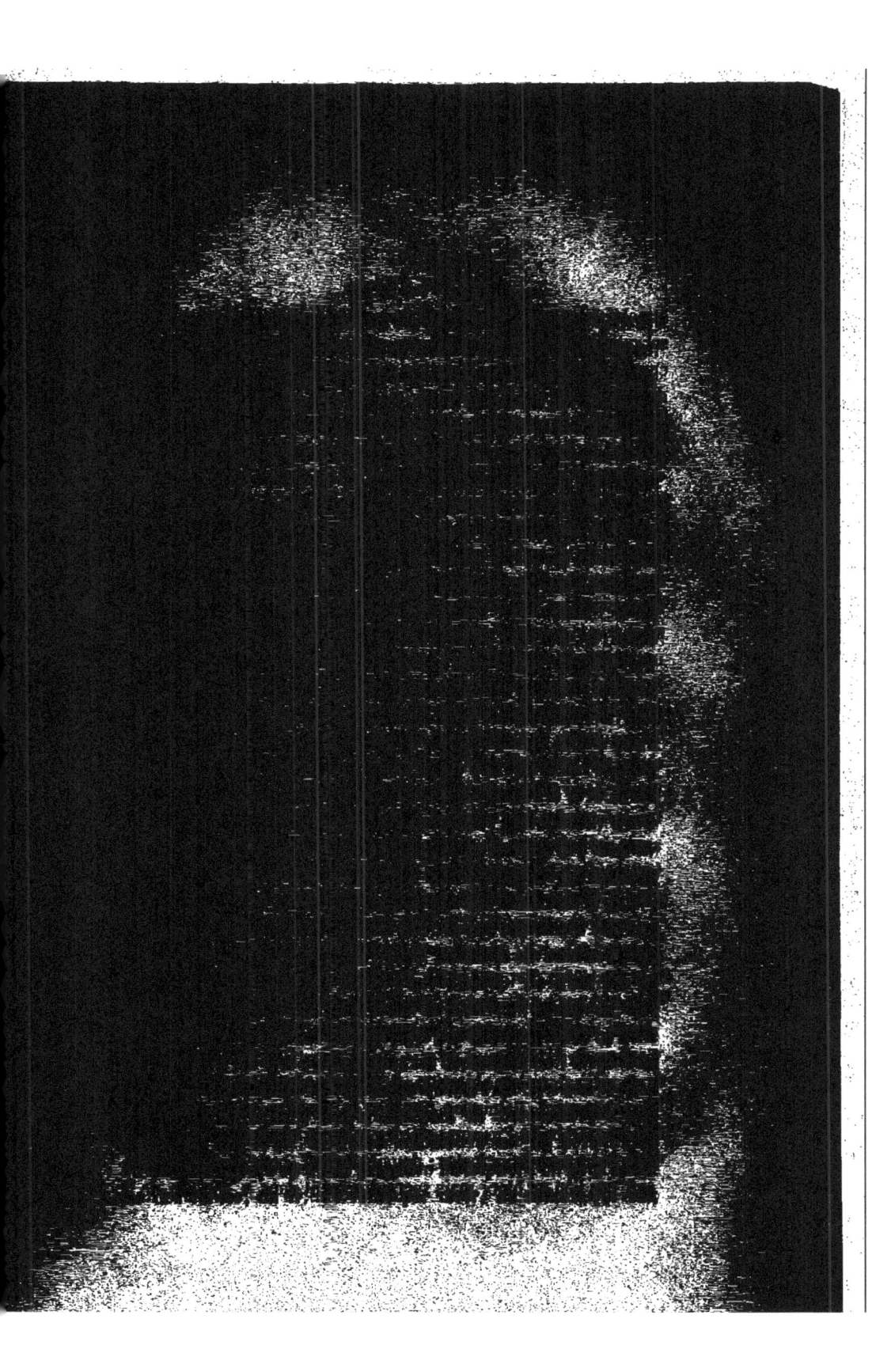

qu'il y a des bons royaux de 500 fr. seulement ? — Mais ces
modes de placement, fussent-ils plus connus, ils ne seraient pas
encore généralement adoptés, parce qu'ils présentent des difficultés d'acquisition, de revente et de circulation que n'auraient
pas les *bons de chemins de fer*, qui ne tarderaient pas à devenir
d'un usage aussi général que les *banck-notes* en Angleterre et en
Autriche, et les *cassaschein* en Prusse.

Mais la circulation de ces bons rencontrerait en France, pour
obstacle longtemps invincible, la crainte qu'ils aient été contre-
faits et qu'ils soient faux. — Est-ce que cette crainte empêche
en Amérique, en Angleterre et en Allemagne, la circulation du
papier émis par les banques ? — Parce qu'un obstacle fâcheux
existe, n'est-ce pas au contraire une raison de tenter de le vaincre ? Et quel moyen plus efficace ? D'ailleurs, pourquoi l'Etat ne
déclarerait-il pas qu'il prendra à son compte et remboursera
tout bon de chemins de fer, qui aura été reconnu faux ? — Plus
il sera donné de sécurité à la circulation, et plus elle gagnera en
étendue. Dans ce cas, les chances de remboursement par suite
de faux, si sévèrement puni d'ailleurs par la loi, seraient infiniment moindres que les bonifications résultant de *bons de chemins de fer* perdus et détruits par l'effet même des facilités
données à la circulation.

..... L'idée d'émettre des *bons de chemins de fer* étant favorablement accueillie, viendrait la question de savoir si l'on devrait
les soumettre à un mode quelconque d'amortissement ou de
remboursement. Ce ne serait pas notre avis. Quand le gouvernement voudra les retirer de la circulation, il le pourra toujours,
comme cela a lieu aujourd'hui pour les vieilles pièces de monnaie qu'il fait refondre. Mais quel inconvénient verrait-on à
laisser subsister dans la circulation des titres qui, si les chemins
de fer produisaient en moyenne 4 p. 100 d'intérêt du capital
employé, ne grèveraient aucunement le Trésor public, et donne-
raient à tout le monde des moyens d'épargne faciles et supérieurs, assurément, à tout ce qui existe en ce genre ? Quand une

banque émet des billets portant intérêts, quel gage le public, qui échange son argent contre ces billets, a-t-il que cet argent ne sera pas détourné de sa destination ; que la probité, la prudence, l'habileté présideront à toutes les opérations de la banque à laquelle il a confié ses fonds ? — Aucun. — S'il conçoit des doutes, quel moyen a-t-il de les dissiper ? — Aucun. — Assez de faillites considérables, imprévues et improbables, sont venues révéler, dans ces derniers temps, le nombre immense de petites gens économes, et de gens à gages plaçant leurs épargnes chez les receveurs-généraux, les banquiers et les notaires, le danger de ces sortes de placement et la nécessité d'un placement nouveau ! Les *bons de chemin de fer* auraient cet avantage, qu'ils porteraient avec eux-mêmes leur garantie visible. La preuve que l'argent versé aurait reçu sa destination, ce serait d'abord les travaux exécutés, ensuite les comptes-rendus aux chambres législatives et contrôlés par elles, enfin la mise en exploitation des chemins de fer. Quel placement aurait jamais offert autant de sûreté ? — Garantie en quelque sorte hypothécaire et garantie supplémentaire de l'État. Croit-on que si en 1837 les *bons de chemins de fer* eussent existé, tant de petits capitaux se fussent jetés aveuglément dans la commandite ? — Assurément non ; l'engouement qui s'est manifesté à cette époque n'avait qu'une cause, la difficulté pour beaucoup de petites épargnes de s'utiliser, et l'insuffisance des moyens de placement existants.

On a dit qu'il y avait quelqu'un qui avait plus d'esprit que celui qui en avait le plus, c'était tout le monde ; il y a aussi quelqu'un qui a plus d'argent que celui qui en a le plus, c'est tout le monde. Prenez-le donc pour banquier, il vous donnera, moyennant 3 fr. 65 c. par an, 4 p. 100 au plus, et sans terme de remboursement, autant d'argent qu'il vous en faudra pour exécuter toutes les *lignes principales* des chemins de fer ; et il lui en restera encore assez pour entreprendre ensuite toutes les *lignes secondaires*, si vous lui laissez toute liberté de régler péages, pentes et courbes, sauf à la concurrence à s'établir, et en cas d'accidents ayant pour cause l'imprévoyance ou l'incurie des Compagnies, à les en rendre responsables et à les condamner à des amendes sévères et à des dommages-intérêts considérables.

POLÉMIQUE de *la Presse* au sujet de cette proposition (Journal du 3 mai 1842).

Dans sa *Lettre à un Député* sur le nouveau système adopté par le gouvernement pour arriver à la construction des grandes lignes des chemins de fer, M. Bartholony, président du conseil d'administration du chemin de fer de Paris à Orléans, mentionne en ces termes notre système d'une émission de *bons de chemins de fer :*

Peut-être y aurait-il lieu d'examiner l'idée de M. Émile de Girardin d'émission par le Trésor de bons de chemins de fer. *Ce serait un moyen de se procurer des fonds à bon compte pour l'établissement des chemins de fer, tout en satisfaisant à un besoin public : celui d'une monnaie en billets portant intérêt.* La combinaison indiquée de bons de 100 fr. au taux de 3 fr. 65 c. p. 100, soit d'un centime par jour, me paraît bonne et digne d'attention. *La difficulté, qui n'est sans doute pas insurmontable, serait de donner cours à ces bons comme à du numéraire, sans les rendre exigibles à toute heure.* Peut-être obvierait-on à tout en les faisant admettre comme argent dans les caisses de l'État, *et en les rendant exigibles au plus tard trois mois après la demande du remboursement.*

« Une fois le principe admis, il y aurait lieu de rechercher les meilleurs moyens d'application, et l'on ferait certainement une chose utile en accréditant en France cette *dette flottante*

d'une nouvelle espèce. Elle répondrait à des besoins de circulation
qui ne sont qu'incomplètement remplis par les établissements de
crédits existants, et fournirait d'abondantes ressources aux travaux publics en leur versant une foule de petites sommes en
core enfouies dans les tirelires du peuple, malgré l'action puissante des caisses d'épargne. »

De la part d'un homme aussi éclairé que M. Bartholony, aussi
familier que lui avec toutes les grandes questions de finances, les
observations qui précèdent prouvent seulement qu'il n'a eu
qu'une connaissance incomplète d'une idée qui lui paraît bonne
et digne d'examen, mais dont il est évident qu'il ne s'est pas
rendu suffisamment compte. S'il est vrai, ainsi que le reconnaî-
trait hautement M. Bartholony, *qu'une monnaie en billets soit un*
BESOIN PUBLIC ; la difficulté de donner cours à ces bons comme à
du numéraire est une objection qui tombe d'elle-même et dont
il n'a pas lieu de se préoccuper. En aucun cas, disons-le, il ne
doit être question d'en rendre le remboursement *exigible*. Si une
pareille condition était nécessaire pour faire entrer dans la circulation les bons de chemins de fer dont nous avons proposé la
création, il y faudrait renoncer sans hésiter ; c'est qu'alors l'idée
en serait fausse et le besoin factice. Au lieu de délivrer le Trésor
public des dangers que lui fait courir le développement des
caisses d'épargne, ce serait au contraire les aggraver ; ce serait
faire rétrograder la science du crédit ; ce serait contredire toutes
nos doctrines financières et aller à l'opposé de notre but. Nous
ne saurions donc accepter pour l'idée que nous avons émise le
nom de « *dette flottante d'une nouvelle espèce* » que lui donne
M. Bartholony. Nous croyions nous être expliqué assez catégori-
quement à ce sujet en disant (1) : « L'idée d'émettre des *bons*
« *de chemins de fer* étant favorablement accueillie, viendrait la

(1) *Presse* du 6 janvier, *Moyen d'exécution des grandes lignes de chemins
de fer.*

« question de savoir si l'on devrait les soumettre à un mode
« quelconque d'amortissement ou de remboursement. *Ce ne se-*
« *rait pas notre avis.* Quand le gouvernement voudra les retirer
« de la circulation , il le pourra toujours , comme cela a lieu
« aujourd'hui pour les vieilles pièces de monnaie qu'il fait re-
« fondre. Mais quel inconvénient verrait-on à laisser subsister
« dans la circulation des titres qui , si les chemins de fer
« produisaient en moyenne 4 p. 1/0 d'intérêt du capital em-
« ployé , ne gréveraient aucunement le trésor public , et donne-
« raient à tout le monde des moyens d'épargne faciles et supé-
« rieurs assurément à tout ce qui existe en ce genre? » Nous ne
pouvons concevoir l'émission de *bons de chemins de fer* autrement
que comme une émission de rentes spéciales , ayant un nom ,
une forme plus populaires, se prêtant plus facilement aux besoins
de la circulation que les autres titres de rentes , mais restant
toujours soumises au principe fondamental de tout crédit public,
au grand principe de la perpétuité. Toute la question se réduit
donc à savoir comment le public, comment les gens qui gardent
chez eux des sommes qui ne leur produisent absolument rien,
accueilleraient des bons de 100 fr. à l'intérêt de 3 fr. 65 c. par
an , — un centime par jour, — « *valant mieux que la monnaie,*
car ce serait une monnaie qui, lorsqu'elle serait en caisse, produi-
rait des intérêts. » Notre conviction profonde à cet égard est que
l'émission de ces bons , subordonnée , comme elle le serait , au
vote des chambres législatives et aux travaux exécutés , ne rencontrerait qu'une difficulté, celle de suffire au nombre des demandes. Au surplus, c'est un essai qu'il n'y aurait aucun danger,
aucun inconvénient à faire. Si ces bons n'étaient pas accueillis
avec faveur, l'État en serait quitte pour ne pas en émettre du
tout, ou pour n'en émettre qu'une petite quantité qu'il lui serait
toujours facile de racheter au cours où il les aurait livrés; cet
essai pourrait donc être fait sans exposer le Trésor et le crédit
public à la plus légère atteinte. C'est une considération qui aurait peut-être mérité qu'on la pesât avant de s'aventurer impru-

demment sur un océan d'actions créées avec ou sans garantie d'un minimum d'intérêt. L'expérience n'aura donc jamais de leçons pour nous.

L'article qui précède était imprimé quand nous avons reçu la lettre suivante de M. Bartholony :

« Monsieur,

« J'ai lu dans votre feuille d'hier un article fort important sur les voies et moyens des chemins de fer. Vous y traitez de main de maître cette grande question, que depuis plusieurs années je me suis occupé de faire triompher ; à savoir que les dépenses de travaux publics, bien entendus, sont des placements, et les meilleurs placements que l'État puisse faire, et qu'il ne faut pas s'effrayer des sommes qu'ils exigent, quelques considérables que ces sommes paraissent, parce que le Trésor récupère par mille sources diverses bien au-delà de ce qu'il paraît dépenser, sans parler de toutes les autres considérations qui recommandent les travaux publics à une grande nation depuis longtemps en paix.

« Je me suis demandé souvent, comme vous, Monsieur, si le crédit public, cet admirable instrument créé à grands frais, ne doit servir que pour la guerre, et lorsque son usage est le plus onéreux ? Ou bien s'il n'est pas sage de s'en servir pour des travaux reproductifs autant qu'utiles au pays, lorsque l'on en peut faire usage, comme aujourd'hui, à des conditions excessivement avantageuses...

« Comme vous, Monsieur, la réponse ne m'a jamais paru douteuse, et je n'ai cessé d'exprimer l'opinion qu'il fallait recourir hardiment au crédit pour les travaux publics, comme on le ferait sans hésitation pour pourvoir aux besoins de la guerre.

« Ainsi, sur ce point, nous serons complètement d'accord,
et je m'en applaudis. Mais, en ce qui concerne les voies et moyens,
me permettrez-vous de vous signaler la confusion que vous avez
établie entre le système de la garantie d'intérêt et celui des bons
de chemins de fer, dont, dans une récente brochure, je me suis
déclaré le partisan, ce qui indique tout d'abord qu'à mes yeux
ces deux systèmes ne sont pas exclusifs l'un de l'autre, car
ma sympathie pour le premier ne peut être mise en doute par
personne.

« En effet, le système de bons de chemins de fer ne peut être
considéré que comme un moyen pour le Trésor de se procurer
des capitaux en abondance et à bon marché. Ce serait, en un
mot, une branche nouvelle de la dette flottante qui satisferait
en même temps à un besoin de circulation, celui des petits
billets ; besoin qui se fait de plus en plus sentir, l'or n'étant pas
du numéraire, mais une marchandise qui se vend à une prime
plus ou moins élevée.

« Comme moyen de faire face aux besoins du Trésor pour
l'établissement des chemins de fer ; comme moyen d'anticiper
les ressources qu'on veut leur appliquer et de faire que les travaux soient pressés avec autant d'activité et d'énergie que le fait
l'industrie privée ; comme moyen enfin que les travaux ne soient
jamais retardés par l'argent, ainsi que feu M. Humann avait
bien compris qu'il le fallait absolument (il me l'a répété peu de
temps avant sa mort), l'émission des bons de chemins de fer me
paraît une idée digne du plus sérieux examen de la part du gouvernement.

« Mais je ne me dissimule pas une grave objection dont vous ne
faites pas mention : ce serait un papier-monnaie, et chacun sait
quels souvenirs ce mot éveille. Il faudrait nécessairement, pour
accréditer ces bons, qu'ils fussent échangeables à volonté en
numéraire. Or, bien que je sois convaincu qu'une fois répandus
dans la circulation pour un capital limité, — 3 ou 400 millions,
je suppose, — ils s'accomoderaient si bien aux convenances du

public (car ce serait une monnaie portant intérêt), que le Trésor ne serait, pour ainsi dire, jamais appelé à des remboursements ; il n'en faudrait pas moins prendre des précautions pour les époques de discrédits , contre des demandes nombreuses et simultanées. Ce moyen serait d'attribuer des échéances aux bons émis. Ainsi les petits billets jusqu'à 100 fr. pourraient être payables à vue, ceux au-dessous de 1,000 fr. à un mois de vue , et ceux au-dessus à trois mois de vue.

« De cette manière , le Trésor ne pourrait jamais être pris au dépourvu ; et d'ailleurs , je le répète, une émission de 3 ou 400 millons de bons répandus dans la circulation générale , n'entraînerait , selon moi , aucune chance d'embarras possible , et l'on trouverait là un moyen simple de pourvoir aux nécessités du Trésor pour la partie des chemins de fer laissée à sa charge ; nous sommes encore d'accord sur ce point.

« Quant au système de la garantie d'intérêt , permettez-moi de vous faire observer qu'il a un tout autre objet. C'est le mode de subvention le plus puissant, le plus moral et le moins onéreux qu'on puisse offrir à l'industrie privée. Je l'ai proposé et défendu avec chaleur et une entière conviction , parce que j'ai toujours pensé que l'industrie privée ne pourrait rien de grand sans l'appui du crédit de l'État et qu'avec lui , au contraire , elle pourrait rendre d'immenses services au pays. J'ai la satisfaction de voir cette opinion faire tous les jours de notables progrès, et je regrette que la *Presse* persiste dans une opposition que rien ne justifie.

« Vainement vous vous appuyez sur les paroles de M. le ministre des travaux publics pour combattre ce système. L'essai en a été fait ; il a permis à la compagnie d'Orléans d'achever son œuvre , sans qu'il sortît un centime du Trésor public ; et quand à l'agiotage , comment peut-on invoquer ce mot à cette occasion , lorsqu'il est constant que pendant dix-huit mois après la promulgation des actes de la loi , les actions d'Orléans sont restées stationnaires ; les cours n'ont pas varié de plus de 2 ou 3 p. 100 pendant ce long espace de temps.

« Quant à la difficulté d'établir, entre la compagnie garantie et le gouvernement garant, des rapports pour lesquels les hommes les plus compétens n'ont pas encore trouvé de solution, permettez-moi de vous dire que ces difficultés n'existent que dans l'esprit de ceux qui ne veulent pas du système, parce qu'ils ne veulent pas des travaux publics par l'industrie privée; elles disparaîtront complètement le jour où les esprits *de la plus haute expérience*, *en fait d'administration et de finances*, auront renoncé à croire que les travaux publics doivent tous être exécutés par l'administration des ponts-et-chaussées ; car, dans ce système, tout a été prévu pour que l'action de l'Etat se bornât, dans son propre intérêt, à un simple contrôle, et rien n'est plus facile à exercer; toutes les administrations publiques en offrent la preuve.

« J'ose me flatter que vous voudrez bien accueillir ces réflexions, et je ne désespère pas de vous voir revenir à un système qui doit exercer une si heureuse influence sur la prospérité publique.

« Car vous aussi, Monsieur, vous finirez par reconnaître que l'industrie privée, appuyée du crédit de l'Etat, pourra aider puissamment le gouvernement dans l'établissement de ses voies perfectionnées ; qu'elle exécute rapidement et économiquement les travaux, et qu'elle seule peut les exploiter convenablement.

« Et quant à cette opinion qu'on peut avoir des chemins de fer et des canaux en grand nombre et dans tous les sens *avec des tarifs très bas*, et que c'est la raison pour laquelle il faut que l'Etat en soit propriétaire, vous reconnaîtrez que c'est une double erreur. En effet, il n'y a aucune raison pour exagérer les avantages sans nombre des chemins de fer en abaissant encore, au détriment des contribuables, les prix de transport, déjà inférieurs à tous les autres.

« En second lieu, il importe très peu au public que les messageries qui le transportent , lui et ses marchandises , apparten-
nent au gouvernement ou à des particuliers. Ce qui lui importe,
c'est d'être bien servi ; or , chacun est d'accord que l'Etat y
serait tout-à-fait inhabile.

« Il suffit d'avoir la moindre idée de l'exploitation d'un chemin
de fer pour en être convaincu. D'où ma conclusion constante :
il faut concéder à l'industrie privée tout ce qu'elle peut entreprendre (j'entends l'industrie sérieuse , celle qui exécute ses
engagements) , et lui donner tous les encouragements possibles,
notamment la garantie d'intérêt , et celui de tous les encouragements le plus important et le moins coûteux , des maxima de
tarifs suffisants.

« Recevez , etc.

« F. BARTHOLONY. »

Quelle que soit la double autorité attachée au nom de M. Bartholony lorsqu'il s'agit de crédit public et de chemins de fer , sa
lettre , nous devons le dire, n'a rien changé aux opinions que
nous avons exprimées.

Des *bons de chemins de fer* , payables, les uns à vue, les autres
à un mois de vue , seraient , à notre avis, une si dangereuse
création , qu'elle n'aurait pas d'adversaires plus déclarés que
nous. Mieux vaudrait alors émettre des *bons royaux*, qui ne sont
payables qu'à trois , six , neuf mois et un an de terme ! Qui voudrait des *bons royaux* payables à *trois mois* à l'intérêt de 2 fr.
50 c. , lorsqu'il pourrait avoir des *bons de chemins de fer* à *un
mois* de vue , à l'intérêt de 3 fr. 65 ? Il faudrait dès lors renoncer
à toute émission de *bons royaux*, c'est-à-dire priver le Trésor
public des ressources qu'il tire de la dette flottante. C'est une
idée à laquelle il n'est pas possible de s'arrêter, et M. Bartholony sera le premier à le reconnaître.

6

Si l'on adopte le système des *bons de chemins de fer*, il faut que cette valeur ait son caractère particulier, qu'elle soit aussi distincte des *bons royaux*, que *les obligations de la ville de Paris* diffèrent des inscriptions de rentes sur l'Etat ; or, il n'y a qu'un moyen d'arriver à ce résultat ; c'est que les *bons de chemins de fer* ne fassent pas double emploi avec les *bons royaux* : c'est que ceux-ci ayant une échéance, ceux-là n'en aient pas ; ce qui rendrait tout simple que l'intérêt attaché aux premiers fût plus élevé que l'intérêt attaché aux seconds.

Pour que le discrédit que prévoit M. Bartholony atteignît les *bons de chemins de fer*, il faudrait que le paiement des arrérages devînt douteux ; dans ce cas, à quel cours ne tomberait pas la rente, que deviendrait le système de la garantie d'un minimum d'intérêt, etc., etc.? — Le cas de discrédit est donc une objection dont il n'y a pas lieu de se préoccuper ; elle ne comporte pas un examen sérieux, puisque si elle était admissible elle serait applicable à toutes les valeurs, sans exception, négociées avec la garantie de l'Etat.

La seule objection solide qui nous pourrait être faite est celle-ci : — Mais si vos bons de chemins de fer n'ont pas une échéance de remboursement, personne n'en voudra prendre ; à cette objection nous n'aurions à faire que cette réponse : — Qu'on essaie. L'épreuve, encore une fois, sera sans aucun danger, sans aucun inconvénient. Si le public ne veut pas de ces bons, tout sera dit ; si le contraire a lieu, ce sera une belle conquête que la paix aura faite, ce sera une grande victoire que le crédit public aura remportée sur les désastreux souvenirs auxquels M. Bartholony fait allusion !

Une fois dans la circulation, il n'y aurait plus lieu pour l'Etat de s'occuper des bons de chemins de fer que pour en payer les arrérages ; le cours des rentes pourrait fléchir que la valeur de ces bons n'en resterait pas moins aussi invariable que celle de l'or et de l'argent. En serait-il de même des actions de chemins de fer avec garantie d'un minimum d'intérêt, système dont

M. Bartholony est plus que le partisan, presque le promoteur ?
— Dans ce système, quand il y aurait un grand nombre d'actions
émises, serait-il toujours facile de les vendre ? Les petites
épargnes se porteraient-elles sur des actions de cinq cents francs?
Viendraient-elles constamment renouveler le nombre des actionnaires et soutenir ainsi le marché ? — Cela est douteux.
Alors le discrédit ne serait-il pas à craindre et ne serait-ce pas
surtout au système de M. Bartholony que s'appliquerait son
objection ? Le papier d'actions n'est-il donc pas tombé plus bas
encore que le papier-monnaie ? Tout ce qu'on peut dire contre
celui-ci est-il moins fondé contre celui-là ?

En ce qui touche le concours de l'industrie privée, que M. Bartholony nous accuse d'exclure, nous croyons lui avoir fait la
part assez belle et assez large en lui réservant les lignes secondaires et les embranchements; nous craindrions plutôt que la
tâche fût encore au-dessus de ses forces, mêmes les intérêts
locaux aidant !

Nous n'insisterons pas sur les difficultés d'établir entre les
compagnies garanties et l'Etat garant les rapports nécessaires;
ce ne sont que des difficultés qu'il doit être possible à une bonne
organisation de résoudre.

Quant aux *tarifs très-bas* dont il est question dans la lettre de
M. Bartholony, nous n'avons jamais dit qu'ils dussent être sans
proportion avec les dépenses de construction et de traction des
chemins de fer; M. Bartholony nous impute donc là une erreur
dont nous n'avons pas à nous défendre. Notre système, au contraire, a pour fondement l'hypothèse que l'état retirerait, *en
moyenne*, des chemins de fer un intérêt égal à celui des bons
qu'il aurait émis; l'Etat, dans ce cas, aurait tout le bénéfice résultant de l'accroissement des recettes auquel donnerait lieu un
plus grand mouvement industriel et commercial, et par suite
une plus forte consommation. Ce serait assez pour qu'il pût
opérer rapidement l'amortissement de sa dette, et ce qui serait
mieux encore pour lui, permettre de réduire considérablement

l'impôt foncier, cette grande ressource de la guerre, que la paix
ne saurait trop ménager !

Le défaut de temps et d'espace nous oblige de nous borner à
ce peu de mots, écrits en toute hâte; mais s'il convient à
M. Bartholony de poursuivre cette polémique utile, il peut
compter qu'il nous trouvera à son entière disposition.

_____

Extrait du journal *la Presse* du 9 mai 1842,

En matière de chemins de fer, on peut dire que la question
des voies et moyens est la question principale ; celle du classe-
ment et des tracés n'étant qu'éventuelle, n'est que secondaire.
Nous accueillons donc avec empressement la nouvelle lettre
que M. Bartholony nous fait l'honneur de nous adresser, c'est
une bonne fortune pour le public qui ne peut avoir qu'à gagner
à ce débat, où se rencontrent des points obscurs qu'il importe
d'éclaircir, des opinions indécises qu'il importe de fixer, des
idées fausses qu'il importe de redresser : c'est la tâche à laquelle
nous continuerons de nous appliquer, heureux d'avoir un auxiliaire tel que M. Bartholony :

« Monsieur,

« L'empressement avec lequel vous avez bien voulu accueillir
ma première lettre, et les observations dont vous l'avez accom-
pagnée m'imposent le devoir de revenir sur la question. Veuillez
m'accorder une place dans l'un de vos prochains numéros, ma
réplique vous paraîtra peut-être un peu longue, mais l'importance de son objet sera mon excuse.

« Il me semble essentiel, pour la discussion qui nous occupe,
d'établir tout de suite et nettement la différence radicale qui

existe entre le système de la garantie d'intérêt et celui de l'émission de bons de chemin de fer,

« Le système de la garantie d'intérêt, dont, il est vrai, je suis le promoteur, pour me servir de votre propre expression (je n'entends nullement décliner l'espèce de responsabilité morale qu'il fait peser sur moi), est né d'une pensée favorable à l'exécution des travaux publics par l'industrie privée. Préoccupé, dès 1834, des merveilles que cette reine des temps modernes a produites dans d'autres pays, j'ai cherché le moyen de lui donner une force et une puissance qui lui manquaient en France, et j'ai cru le trouver dans l'appui du crédit de l'État. Je me suis persuadé, et j'ai réussi de faire passer cette persuasion dans l'esprit de beaucoup de personnes, dont l'opinion a un bien autre poids que la mienne, que là était la solution du problème pour la France, pays où les capitaux ne sont pas dans une situation analogue à ceux de l'Angleterre, par exemple.

« Ainsi, le système de la garantie d'intérêt a essentiellement pour objet le développement des travaux publics *par l'industrie privée*. Je n'ai pas à constater ici tous ces avantages, je l'ai fait longuement dans plusieurs publications spéciales. Vous me permettrez de passer aussi sous silence le reproche sans fondement fait à ce système, d'offrir, en créant des actions, une vaste pâture à l'agiotage ; car tout a été dit à cet égard et s'il est un moyen d'affranchir le pays de cette lèpre, ce moyen est assurément dans un système qui associe l'État aux chances de perte et fait des actions une valeur qui a la solidité des fonds publics (1). Au reste, il est si vrai que le mérite de ce système sera de rendre possibles de grandes entreprises de travaux publics par l'industrie privée, qu'on est sûr de trouver parmi ses adversaires tous ceux qui préfèrent l'État comme entrepreneur, et *vice versâ*.

(1) La garantie par l'État d'un revenu de 3 p. 100 est *au-dessous* du revenu ordinaire de l'argent en France ; mais il faut qu'il en soit ainsi, afin que la Compagnie garantie ait un intérêt évident et permanent à bien administrer.

« Cherchez dans vos souvenirs, Monsieur, si je me trompe.

« Le système des bons de chemins de fer, au contraire, doit plaire à ceux qui veulent que l'État exécute lui-même les grandes lignes de chemins de fer, car c'est un moyen nouveau et ingénieux de se procurer facilement et à bon compte les capitaux nécessaires, tout en satisfaisant à un besoin de la circulation, celui des petits billets.

« La préférence entre les deux systèmes doit donc être déterminée par l'opinion qu'on a en faveur des travaux publics exécutés par l'État ou par les Compagnies ; et c'est parce que je suis du nombre de ceux qui croient qu'il n'y a pas trop des efforts réunis du gouvernement et de l'industrie pour arriver au but : *l'amélioration des communications, la mise en valeur du sol*, que je suis partisan des deux systèmes qui, comme je l'ai dit, n'ont rien d'exclusif et peuvent, au contraire, concourir puissamment, chacun de son côté, au grand résultat qu'on s'est proposé.

« Cela posé, j'arrive à l'examen des objections que vous avez faites à ma manière de concevoir l'émission des bons de chemins de fer. Et d'abord, il faut bien s'entendre sur le rôle qu'on veut faire jouer à cette valeur nouvelle. Sera-ce, comme vous le dites, purement et simplement *une rente spéciale ayant un nom, une forme plus populaires, mais restant toujours soumise au principe fondamental de tout crédit public, au grand principe de la perpétuité ?*

« Ou bien, sera-ce une valeur faisant l'office de monnaie comme l'or et l'argent, ainsi que je l'avais compris ?

« Dans le premier cas, ce serait simplement des coupons de rentes au porteur descendus à un chiffre infime. J'ignore s'ils auraient plus de succès que les rentes au porteur n'en ont eu jusqu'ici (on sait que cette combinaison n'a pris aucun développement) ; dans tous les cas, un fait certain, c'est que ce serait un nouveau moyen de placement sur les fonds publics mis à la portée des plus petites bourses, mais voilà tout ; car les transactions se paient en argent, en capital, non en intérêts, et une rente perpétuelle ne pourrait jamais entrer dans la circulation générale comme y entrent le numéraire, les billets de banque ou le papier-monnaie. Je ne nie pas l'utilité d'une émission de rentes sous cette forme; elle créerait en quelque sorte un *billon du grand-livre* et ferait faire un pas de plus au crédit; c'est incontestable, et, sous ce rapport, je l'approuve; mais l'utilité de cette mesure financière serait plus restreinte que je ne l'avais cru d'abord.

« J'avais compris l'idée des bons de chemins de fer, comme l'émission d'une nouvelle monnaie, *valant mieux que l'argent, car elle produirait, en caisse, des intérêts*. Cette dernière circonstance me paraissait devoir assurer son crédit et sa rapide adoption par le public, qui a besoin peut-être d'encouragement; témoin ce qui se passe pour les billets de la Banque de France, lesquels n'ont pu pénétrer que dans une partie de nos départements. Mais pour se mettre complétement à l'abri de l'assimilation qu'on ne manquerait pas de faire des bons de chemins de fer avec le papier-monnaie, pour lequel la France a une répulsion si vive et si naturelle, j'ai pensé qu'il fallait, de toute nécessité, que ce papier fût échangeable à volonté en numéraire, comme les *banck-notes* en Angleterre et les billets de banque en France.

« Vous repoussez cette idée comme dangereuse, et elle n'aurait pas, dites-vous, d'adversaire plus déclaré que la *Presse*; tant pis, car hors cette condition, je ne prévois guère de chances de succès aux bons de chemins de fer, soit qu'on tente un essai, soit que la crainte d'un échec, toujours fâcheux en fait de crédit, en dissuade le gouvernement.

« Examinons cependant si l'obligation du remboursement aurait tous les dangers que vous y voyez. Mais, auparavant, permettez-moi de repousser votre assertion, qu'entendre la question comme moi ce serait priver le Trésor des ressources qu'il tire de la dette flottante, de l'émission des bons royaux. Une monnaie nouvelle, sous la forme des bons de chemins de fer, qui entrerait dans la circulation générale et ferait l'office de l'or et de l'argent, augmenterait de fait au lieu de raréfier la masse des signes d'échange. Ce serait donc, en thèse générale, une opération favorable aux emprunteurs, non aux prêteurs. D'ailleurs les capitaux qui se placent sur les bons royaux à échéances fixes sont d'une nature toute particulière, et ils n'en seraient pas éloignés, comme vous paraissez le croire, par une différence d'intérêt, celui que le Trésor leur alloue n'étant pas de 2 1/2 0/0, comme vous le dites, mais variant de 3 à 4 0 0, selon les échéances. Les nouveaux bons seraient donc, comme je l'ai dit, une dette flottante d'une nouvelle espèce, un moyen d'étendre les ressources qu'elle offre au Trésor en allant au devant de nombreux et petits prêteurs, en même temps qu'on satisferait à un besoin public, celui de la circulation des billets de petite valeur.

« J'arrive à la grosse question, le danger des remboursements simultanés et inattendus. Je conviens que les craintes qu'on a déjà souvent témoignées à l'occasion des fonds des caisses d'épargne sont de nature à faire accueillir avec défiance ma proposition de remboursement en espèces; cependant je dirai que je ne partage pas ces craintes, d'abord à cause de la division considérable des dépôts; les besoins ou les retraits par suite de paniques n'ont pas lieu tous ensemble, c'est impossible : l'exemple des crises passées, qui n'ont jamais amené en France et en Angleterre que des remboursements très-modérés, relativement à la masse des sommes déposées, est là pour justifier cette assertion; ensuite, cette multitude de dépôts est telle que rien que *l'espace de temps physiquement nécessaire* pour opérer le remboursement des sommes déposées donnerait au Trésor un délai suffisant pour se mettre en mesure de faire face.

« D'un autre côté, il est fortement question, dans ce moment même, d'une mesure qui, en ajoutant considérablement aux bienfaits des caisses d'épargne, aurait pour inévitable effet de convertir en une dette non exigible, en pensions de retraite pour les vieillards de la classe ouvrière, classe intéressante dont l'on ne saurait trop s'occuper, une notable portion des fonds des caisses d'épargne, ce qui diminuerait d'autant les chances qu'on redoute d'un accroissement successif des fonds déposés, chances que, pour ma part, par les motifs qui précèdent, je ne redoute nullement.

« Enfin, je ne puis pas m'empêcher de faire remarquer que les *banck-notes* et les billets de banque remboursables à présentation, les uns et les autres en espèces, ne sont jamais représentés par une somme en numéraire équivalante, à beaucoup près, à celle de leur émission ; on sait bien qu'une fois ces valeurs entrées profondément dans la circulation, à l'instar des espèces métalliques, elles ne se représentent plus au remboursement que partiellement et de manière à laisser le temps au débiteur de pourvoir aux demandes. Les établissements de crédit ne sont basés que sur cette confiance que l'expérience a prouvé être parfaitement fondée.

« Or, je ne vois pas comment ni pourquoi le Trésor public n'inspirerait pas la même confiance pour ces petits billets de chemins de fer, que pour ses autres engagements, et pourquoi il se montrerait plus timoré que les établissements dont nous venons de parler ? D'ailleurs, les précautions à prendre seraient de limiter la somme maximum à émettre ; de régler l'emploi spécial qui serait fait du produit aux chemins de fer, et cela par une loi solennellement discutée ; de ne faire d'émissions que partielles et successives, au fur et à mesure des besoins, et après qu'on aurait acquis la certitude du plein crédit de ces valeurs nouvelles,

« Enfin, sauf les petites coupures, de ne les rendre exigibles, c'est-à-dire échangeables en espèces métalliques, qu'à Paris, et après un visa et un certain délai.

« Il me semble que, moyennant ces dispositions, les bons de chemins de fer devraient entrer facilement dans la circulation en concurrence avec le numéraire, et qu'il n'y aurait rien à redouter de la condition indispensable, selon moi, pour éviter l'inconvénient du papier-monnaie ; je veux parler de la faculté de les échanger contre espèces dans les caisses du Trésor public à Paris.

« Je reconnais volontiers que nous discutons là une question fort délicate ; aussi n'ai-je pas eu la prétention de la trancher, Dieu m'en garde ; seulement j'ai éprouvé le besoin de dire qu'elle me paraît répondre parfaitement à la situation du moment, soit pour se procurer des fonds indispensables , comme anticipation sur les ressources nécessaires à l'exécution des chemins de fer classés , soit pour satisfaire à un besoin public : celui des petits billets.

« Je ne me dissimule pas les difficultés de tous genres qu'il y aura à vaincre , et combien d'oppositions la réalisition de cette mesure doit rencontrer dans les résistances d'établissements qui pourraient croire leur privilége lésé, dans de vieux préjugés, et même dans de respectables hésitations , bien permises en pareille matière, alors même qu'on croirait à la bonté de la mesure. Quoi qu'il en soit, il est certain que rien ne serait moins raisonnable que de retarder la jouissance des lignes de chemins de fer qu'on va commencer, parce qu'on ne voudrait pas faire usage du crédit. Donc, j'espère qu'en votant les travaux on votera en même temps les voies et moyens pour les exécuter *dans le plus bref délai possible ;* or, cela mène tout naturellement à l'examen sérieux de l'idée des bons de chemins de fer, soit comme vous l'entendez, en rentes spéciales, soit comme je l'avais entendu, en billets faisant fonction de numéraire, et pouvant remplacer l'or qui nous manque, ce dont je ne me plains pas, puisque nous le vendons à l'étranger. Si cette combinaison n'était pas admise, il faudrait, selon moi, recourir au grand-livre, qui ne saurait se rouvrir pour une meilleure cause, et je me flatte bien qu'on n'allongera pas les travaux indéfiniment sous le prétexte d'attendre des ressources qui naturellement serviraient plus tard à éteindre les engagements contractés par les moyens de crédits employés,

« D'ailleurs , même dans le système du gouvernement , les travaux entrepris pouvant donner des produits directs, qui empêcherait, par exemple, si l'on ne se laissait pas aller à la fausse idée des tarifs bas, idée si fausse qu'elle conduit à transporter presque gratis, non-seulement les voyageurs et les marchandises de notre pays aux dépens du Trésor, *mais les étrangers et les marchandises en transit appartenant à des étrangers ;* qui empêcherait, dis-je, d'exiger des Compagnies exploitantes auxquelles on ferait appel un intérêt de 3 p. 100 des sommes dépensées par l'État, après qu'elles auraient reçu elles-mêmes un dividende de 6 p. 100 ?

« Ou bien, pour plus de simplicité, pourquoi, accordant à ces Compagnies un tarif maximum suffisant, n'exigerait-on pas d'elles, après un bail de cinquante ans, je suppose, l'abandon au profit de l'État, de la voie posée à ses frais ?...

« Mais il est temps de me résumer : le système de la garantie d'intérêt et celui des bons de chemins de fer vont tous deux au même but : l'exécution des travaux publics, mais par des moyens différents. Ils ne sont nullement exclusifs l'un de l'autre, et je désire sincèrement qu'ils puissent se développer tous les deux.

« Il ne me paraîtrait pas raisonnable de ne pas user du crédit public pour accélérer les travaux. Mieux vaudrait alors porter toutes les ressources sur une seule ligne , et les entreprendre successivement les unes après les autres.

« Mais par laquelle commencer, par laquelle finir ? Quel motif pourrait-il y avoir de ne pas emprunter pour faire entrer plutôt en jouissance le pays d'une chose si désirée et si essentiellement productive ?

« Il ne serait pas sage, il serait anti-économique, selon moi, d'exagérer les avantages de chemins de fer en fixant des tarifs bas, tarifs qu'on ne pourrait acheter que par des sacrifices imposés à la masse des contribuables, au lieu de laisser payer ceux qui profiteraient directement des chemins en voyageant.

« Enfin, il me paraî ait tout à fait utile d'introduire dans la

loi une disposition qui autorisât le gouvernement à concéder à
l'industrie privée les lignes ou les fractions de lignes qu'elle offri-
rait de faire à des conditions que la loi devrait homologuer,

« Excusez la longueur de cette lettre. J'ai été entraîné par
mon sujet, mais je n'abuserai plus, désormais, de la faveur que
vous m'avez faite d'accueillir les réflexions que m'ont inspirées
la loi des chemins de fer.

F. BARTHOLONY.

« *P. S.* J'ai entendu, hier, avec bonheur, M. le ministre de
l'intérieur énoncer du haut de la tribune avec son talent ordinaire, trois propositions capitales que je n'ai cessé de chercher
à faire prévaloir.

« La première, c'est qu'à moins de renoncer à croire à la puissance de la France, il ne faut pas se préoccuper des charges
financières que l'établissement des chemins de fer *semble* entraîner pour l'État.

« La seconde, que c'est sur la durée des concessions à faire
aux compagnies exploitantes, et non dans un abaissement exa-
géré des tarifs, que l'État doit trouver une compensation directe
à ses sacrifices.

« La troisième enfin, que si dans quelques années, le gouvernement retrouvait dans l'industrie privée le concours qu'elle lui
refuse aujourd'hui, la loi actuelle ne ferait aucun obstacle à l'ac-
ceptation de propositions jugées utiles,

« Ces explications accueillies avec faveur par la chambre entière, sont d'un bon augure pour le vote définitif de la loi, et les
partisans de l'admirable invention des chemins de fer doivent
s'en réjouir. »

NOTE N° 4.

Extrait du Rapport à l'Assemblée générale des actionnaires de la Compagnie d'Orléans, du 8 octobre 1842.

..... Un chemin dont le produit net, pour la seule partie en exploitation, dépassera cette année 500,000 fr. ; un chemin dont le produit total est garanti par l'Etat pour un minimum de 1,6000,000 fr. ; qui représente une valeur de 50 millions ; qui n'a d'autre dette que celle qu'il va contracter ; et qui, aux termes de la loi, ainsi que des statuts de la Compagnie, devra servir l'annuité de son emprunt par privilége et préférence, avant toute attribution d'intérêts, d'amortissement et de dividende aux actionnaires eux-mêmes : telle est l'hypothèque offerte aux prêteurs ! Il serait impossible d'en trouver une qui fût à la fois plus réelle, plus importante et plus sûre.

Aussi, nous ne doutons pas que les valeurs de la Compagnie, quand elles seront appréciées comme elles doivent l'être, ne soient recherchées par les grands établissements financiers, au même titre que les fonds publics.

La garantie de l'Etat est certainement le mode d'encouragement le plus fécond et le moins dangereux qu'il puisse accorder aux grandes entreprises. Ce qui s'est passé pour la Compagnie d'Orléans en est la preuve : Du moment que le gouvernement nous a donné son concours moral, la confiance est revenue, aucun doute ne s'est plus élevé sur l'achèvement des travaux, et les fonds des actionnaires n'ont fait défaut à aucun appel. Contrairement à ce qu'avaient supposé les personnes qui s'étaient fait une fausse idée de la garantie d'intérêt, aucun aliment n'a été fourni à l'agiotage : les capitaux sont arrivés sans qu'une hausse exagérée, factice, se soit produite sur les actions. Tout s'est donc réuni pour démontrer l'excellence de ce système. *Mais*

Mais on n'en recueillera tous les fruits que lorsque l'opinion géné-rale aura été appelée à constater, par des signes en quelque sorte palpables, la solidité qu'il présente comme placement.

Il serait digne des grands établissements auxquels nous faisions allusion tout à l'heure, de dissiper par leur exemple les incerti-tudes qui peuvent exister encore. Au surplus, c'est moins dans notre intérêt que nous parlons ici, puisqu'aujourd'hui toutes nos ac-tions sont libérées, que dans l'intérêt des autres entreprises qui se formeront à l'avenir avec ce mode de concours de la part de l'État.

FIN.

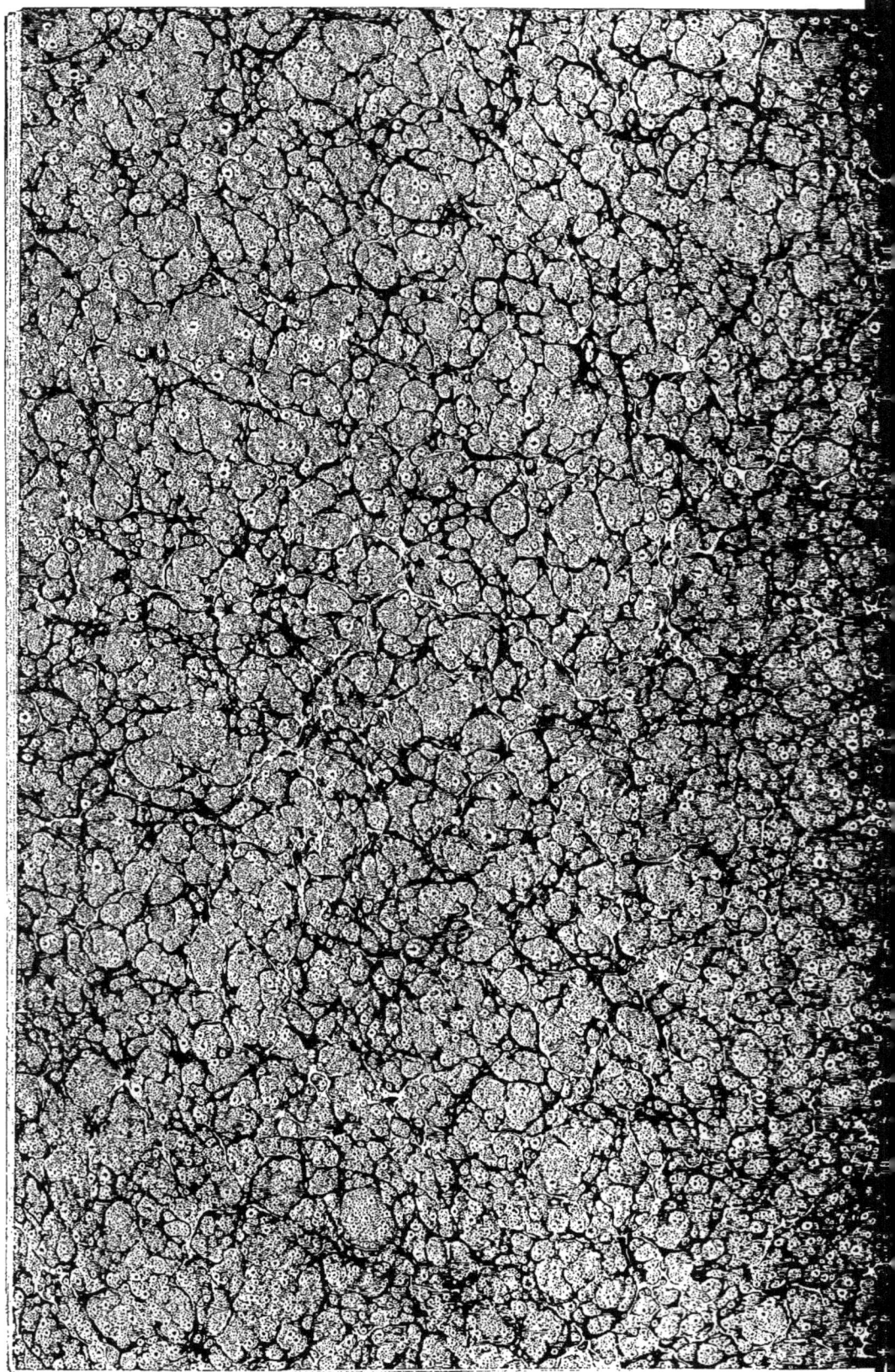

www.ingramcontent.com/pod-product-compliance
Lightning Source LLC
Chambersburg PA
CBHW071221200326
41519CB00018B/5620